ドキュメント

# トヨタの製品開発

## トヨタ主査制度の戦略、開発、制覇の記録

安達瑛二

東京 白桃書房 神田

# プロローグ

昭和三十年代後半の日本の自動車業界では、月間の生産台数と販売台数の競争で、トヨタ自動車工業㈱と日産自動車㈱とが激しい首位争いを演じていた。トヨタ自動車工業㈱は、乗用車とトラックを合わせた総生産台数と総販売台数では日産自動車㈱をかろうじて抑えていたものの、乗用車の生産台数と販売台数では日産自動車㈱の後塵を拝していた。

トヨタ自動車工業㈱が乗用車部門でも常勝を続けられるようになったのは、昭和四十一（一九六六）年に発売されヒットを続けることになる、大衆車カローラが加わってのちのことである。昭和四十年代における所得倍増政策のもとで、この車が多くの個人ユーザーを掘り起こし、日本国内に自動車を普及させるきっかけになったとして、初代カローラ発売の年を「日本のモータリゼーション元年」と人は呼ぶ。

モータリゼーションの進展に伴って個人ユーザー向け乗用車（オーナーカーと呼ばれた）が必要となり、昭和四十年代前半に、トヨタ自動車工業㈱・トヨタ自動車販売㈱グループは、中型車クラウン、小型車コロナ、大衆車カローラに加えて、クラウンとコロナの中間の大きさで、純粋に個人ユーザー向けの、コロナマークⅡ（のちに、コロナ名を除いて、マークⅡとなる。以下、マークⅡと呼ぶ）を発売し、さらにスポーティ車、スペシャルティ車、若者ユーザー向けの車も追加した。

昭和四十年代後半に入ると、トヨタ自動車工業㈱・トヨタ自動車販売㈱グループは、生産台数と販売台数において、海外でもトップテンに入る有数の自動車会社になっていた。

「まだ前に○○がいるぞ」

「△△に追いつけ、追い越せ」

常に、前を行くライバルを指し示して自ら危機感をあおり、チャレンジするDNAを持つこの会社、このグループは、次の目標として、売り上げ利益率のアップを掲げた。

「大衆車ばかり売っているから利益が上がらないのだ。もっと利益率の高い、大きい車も売れ」

確かに、世界トップの自動車会社は九％から十％の売り上げ利益率を確保していたし、トヨタ自動車工業㈱・トヨタ自動車販売㈱グループが、国内のライバルである日産自動車㈱に対して、見劣りするのは小型上級車市場の販売シェア（市場占拠率）だけであった。

昭和四十年代末から五十年代初めにかけて、小型上級車市場における、日産自動車㈱のローレルの販売シェアは十九％（六〇〇〇台／月）で、スカイラインと合わせた合計販売シェアは五十％を超え、対するトヨタ自動車工業㈱のマークⅡの販売シェアはわずか十三％（四〇〇〇台／月）にまで落ち込んでいた。トヨタの対日産比率も二十六％に低下した。

「小型上級車市場で販売シェア五十％を獲ろう」

トヨタ自動車工業㈱・トヨタ自動車販売㈱グループが、小型上級車市場での販売シェア五十％を目指して、ライバルに戦いを挑むことになった。

その頃、昭和四十八（一九七三）年、オイルショック（第一次）が勃発し、原油の品薄と価格高騰に引きずられて諸物価高騰、インフレを招き、国内自動車市場にも大混乱をきたした。また、同年、国産自動車の排出ガス規制強化の法律が成立し、昭和五十一年度排出ガス規制および昭和五十三年度排出ガス規制において世界初、前人未踏の厳しい規制が課せられ、その期限までに国内自動車メーカーは規制をクリアできる排出ガス浄化装置の開発を義務づけられた。

本書は、オイルショックと排出ガス規制の二重苦のもとで、トヨタはどのように「小型上級車市場で販売シェア五十％」を達成したのか、トヨタ独自の製品開発体制であるトヨタ主査制度がどのように機能し、その効果を発揮したのか、今なお引き継がれている新技術がどのように生まれたのか、などを詳細に検証し、後世への参考資料とするものである。

日本の乗用車市場は、車の大きさ（車両外形寸法とエンジン排気量）により、大型車市場、中型車市場、小型上級車市場、小型下級車市場、大衆車市場に分けられる。そのほかに日本市場だけの特徴として軽乗用車市場があるが、総台数（総生産台数、総販売台数）としては大型車、中型車、小型上級車、小型下級車、大衆車の合計台数が用いられてきた。軽乗用車台数が増えた後にも、それまでの総台数を「除軽（ジョケイと読む）台数」、軽乗用車を含む総台数を「含軽（ガンケイと読む）台数」と呼んで区別している。

以下、トヨタ自動車工業㈱をトヨタ自工、トヨタ自動車販売㈱をトヨタ自販、トヨタ自動車工業㈱・トヨタ自動車販売㈱グループをトヨタ自工・トヨタ自販または工販またはトヨタ、日産自動車㈱を日産、などと略称する。

【目次】

# 序章 トヨタ主査制度とは

トヨタ主査制度とは、トヨタ自動車工業㈱の製品開発の中核を担う制度で、一人の製品企画室主査（車両担当主査とも呼ばれるが、通常、「主査」と略称する）に担当車種に関する全守備範囲を委ね、全決定権と全責任の所在とを一元化する、という独自の製品開発体制をいう。すなわち、主査が、担当車種に関する企画（商品計画、製品企画、販売企画、利益計画など）、開発（工業意匠、設計、試作、評価など）、生産・販売（設備投資、生産管理、販売促進など）の全般を主導し、その結果について、すべての責任を負う。主査の担当分野が技術分野にとどまらないので、その点で主任設計者、プロダクトマネージャーなどと異なる。

「担当車種に関しては、主査が社長であり、社長は主査の助っ人である」

「主査自身が販売予測し、自分と営業とでどちらが正しいかを競え」

トヨタ自動車工業㈱の社長がそう言っていた。

トヨタ主査制度は、トヨタ自動車工業㈱が第二次世界大戦後初の国産乗用車の初代クラウンの製品開発体制として昭和二十八（一九五三）年頃に制度化し、以後の乗用車・商用車の製品開発でも慣習・不文律として踏襲されてきたもので、文書規定はなく、朝令暮改、日進月歩も許される柔軟な制度である。組織も、主査室（主査四～六人、一九五〇～一九六〇年代）、製品企画室（主査十～二十人、一九七〇～一九八〇年代）、開発センター（チーフエンジニア、一九九〇年代～）と、変遷している。

## 組織

トヨタ主査制度の組織は、技術部門の一部署（ライン部門ではなくスタッフ部門）である、製品企画室（室長、副室長、主査十～二十人）で、室長は専務取締役または常務取締役、副室長は取締役、その下にほぼ車種ごとの担当主査（部長または次長）と主査グループがいた。室長と副室長は、部下の主査の人事権を持ち主査の相談に応じ助言を与えるが、個別の車種に関して担当主査に命令することはなく、個別の車種に関する意思決定は担当主査に委ねられ、室長と副室長は担当主査の意思決定を尊重する。

主査グループは一人の主査と若干名の主査付（主担当員＝課長、担当員＝係長、係員）で構成され、「主査→主担当員→担当員→係員」、「主査→主担当員→担当員」、「主査→主担当員→係員」、「主査→担当員→係員」など、主査付の人数は時と状況に応じて変動する。すなわち、製品開発の初期には少なく（二～五人）、その後期には多く（十数人、技術部門以外、社外の関連部署からの派遣者も受け入れる）、発売後（製品開発終了後）には再び少なくなる。主査は自分の主査グループ直属の主査付についてのみ人事権を持ち、派遣者については持たない。

主査と主査付とは同一人格（一心同体、主査付の発言も主査の発言と扱われる）とみなされ、主査付は主査の意思・発言・行動に沿って発言・行動し、単独で即断即決しなければならない場合にも主査を代行する。主査は、たとえそれが主査の意思に反していても、主査付の発言・行動とその結果についての責任を負う。そのため、日頃、主査は自分の意思・方針・見通し・考え方を主査付へ周知徹底させておく、主査付はそれを理解し、予想される問題についての主査の考えを事前に打診しておく。また、主査付は主査に代わって調査・思考し、主査へ提言し、主査を代行し、その成果を主査の成功・手柄とすることで達成感を得る。主査は、必要な補佐役として、一心同体の活動ができる人材を全社内に広く探し求め、主査付は一心同体で尽せる主査を探し求めることになる。

製品企画室のフロアは多くの主査グループがそれぞれ島を形成する大部屋制で、個々の主査グループの間には間仕切りがなく、人の出入りも話し合いも隣の主査グループへ筒抜けである。過去の経験、類似問題、周辺情報などに関して隣の主査グループへ相談に行く、新方法について教えを請う、などの情報交換は主査グループ間で日常茶飯事である。一方、ある主査グループとの間には市場の競合関係（社内ライバル）も存在し、市場対応策も探られれば漏れる立場にもあり得るが、秘密漏えいのデメリットよりも情報交換のメリットの方がはるかに大きいために大部屋制が採られている。

主査の業務は車両開発全般から製造・販売にまで及び、しかもライン部門とは違って承認・監督よりも指揮・主導が多いので、主査向きの人材はライン部門の部次長とは違うゼネラリストである。主査の哲学と性格は、「商品を見れば主査の人柄がわかる」と言われるほど、商品化に影響する。主査および主査付はすでにいくつかの社内部署を経験した技術部門のベテランで、他部署を経験しない製品企画室生え抜きの者はいない。主査付の多くは製品開発プロジェクトを終えると他部署へ異動する。

## 業務と守備範囲

主査（主査付）の担当車種に関する業務と守備範囲は限りなく広い（とことんやろうとすれば無限で、そこそこで良いと思えば手抜きもできる）。主査は、担当車種の企画、開発、生産、販売、利益、市場など、担当車種のすべてに関して、自分の方針を持ち、すべての情報を入手し、すべての状況を把握し、すべての意思決定を行い、決定に関与しまたは決定を承認し、すべての指令を出す。主査は、担当車種に関して、設計における意思決定、生産工場の生産異常、市場の品質不具合、販売店の顧客クレームなどの細部についても、「どこがどうなっているか、なぜそうしたのか」を知っていなければならないし、「知らなかった」とは言えない。また、製品の改良のために、主査自身がいつも問題点・改良点を発見し、担当部門に改良の内容または方法を指示し、改良結果を確認している。主査自身がその能力を持つか、根を詰めてその努力をするかによって、製品開発・製品の出来栄えは格段に違ってくるからである。

主査は、全社的な会議・報告会への出席、来客との面会、新技術の売り込み対応など、業務範囲が広くかつ多忙なので、自分の手に余るところを主査付に代行させて業務をこなす。主査も主査付も日中には同日同時刻の複数の会議をかけもちし、夜間や休日に主査グループ業務（会議書類作成、設計図承認

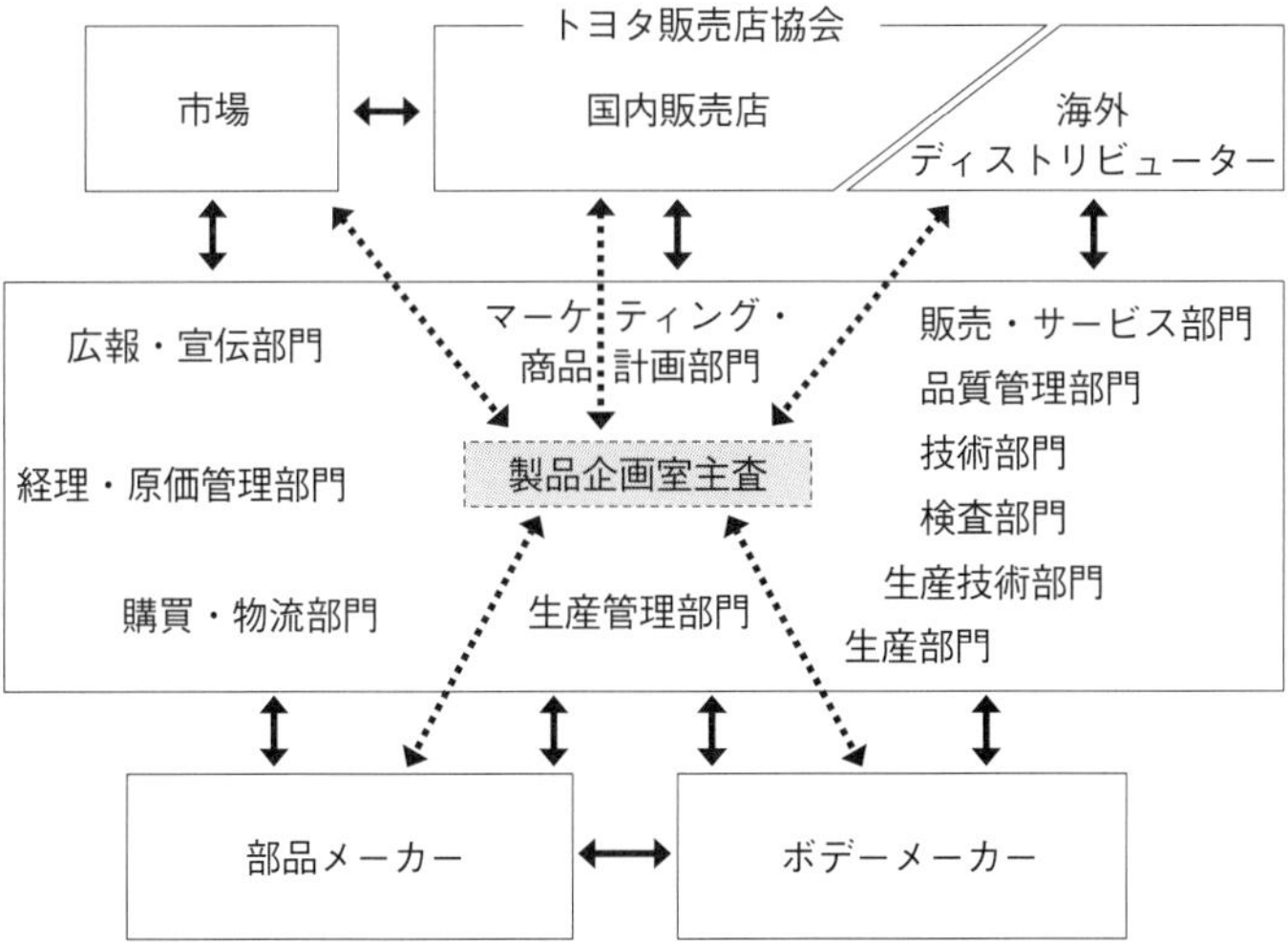


トヨタ主査制度の製品開発組織

など）をこなす。

製品開発の統括部門である製品企画室は、マーケティングおよび商品計画部門、広報および宣伝部門、販売およびサービス部門、購買および物流部門、経理および原価管理部門、技術部門、品質管理部門、検査部門、生産技術部門、生産管理部門、生産部門、ボデーメーカー（派生車種の委託開発や委託生産）、部品メーカーなど、人事や教育部門を除くほとんどすべての社内部門および協力企業と関わる。

技術部門の設計部、実験部、試作部などはライン部門で、「部長→課長→係長→係員」の職制を採っているが、それぞれ各部の担当グループ（課や係、またはその下のグループ）が当該主査の指揮下に入り、各部の上司だけでなく、または上司以上に、主査の指示を受け、主査へ報告し、主査の決定を受ける。各部の各グループと主査（主査付）とは、お互いに報告・連絡・相談を欠かさず、必要に応じて定例連絡会（数ヵ月に一度）、検討会（不定期、緊急）も持つ。

## 権限と責任

主査の権限と責任は、製品開発に関わるすべての意思決定、提案書類、設計図などは、各提案部署の承認のほかに主査の承認が必要であり、主査のサイン（自署、一筆書きの花押に似る）をもって発効する、ということに現れている。

一方、主査は直属の主査付を除く製品開発チームのメンバーへの人事権も命令権も持たず、「説得・調整する権利」だけを持つので、主査は「なぜそれが必要か」、「なぜその成功確率が高いと予想できるか」をひたすら説くしかない。主査に命令権を与えない理由は「主査の提案が妥当なものであれば必ず相手が納得するはずで、主査が誠心誠意説得すれば必ず相手が心動かされるはずである」にある。そのため、主査は自分の方針を実行するために「妥当な、相手にも利をもたらす提案を考える」、「誠実な人間性と成功実績を積んで説得力を身につける」に努力することになり、それが結果的に主査を育てることになる。もし主査の人格と実績とが認められていれば、主査の説得に相手が納得していない場合でも「あの主査がそこまで言うのなら従おう」とまとまることも多い。

主査には社内および社外の誰に対しても「説得する権利」が認められており、社内では自分より上位の社長・副社長やその他の役員、社外では協力企業の社長・役員、取引のない企業の人でも、主査が「業務に必要」と認めれば、自分から面談・説得する権利を持っている。その権利は、主査の上司の許可、社内の窓口部署の了解などを一切必要としないので、主査自身が必要と認めればその時点で可能となる。もちろん、その面談・説得についての結果責任、説明責任を主査は負う。主査を経験すると、この権利は非常に重要な大権であることがわかる。業務に必要と考えるなら、すぐに、気兼ねなく社内外の説得行動に移れる、多くの選択肢を同時に検討できる、成否を読み切れない段階で布石を打つことができる、などのメリットがある。もちろん、その権利を十分に生かすには主査の洞察力、行動力、説得力が必要である。

主査は広い分野で、また多くのタイミングで責任を問われ、必要な行動を求められる。製品開発の開発企画提案は企画会議、原価会議で見通しを問われ、製品開発の進度・不具合は進行会議、品質会議で対策を問われ、発売後には販売目標・市場占拠率・利益目標の達成度と必要対策を問われる。達成するまで各会議において、主査は対策を提案し、その結果を報告し、主査の任に堪える有能さを証明し続けなければならない。もし未達成が続く場合、経営目標を達成できない場合、また社内および協力企業の信任が得られない場合には主査は職を辞することになる。

## 製品開発の進め方

トヨタ主査制度に基づく製品開発は次のように進められる。

初めに企画（マーケティング・商品計画・製品企画）において、主査（主査付）はマーケティングお

| 主査グループ | 製品企画室主査の業務（協力部門） |
|---|---|
| 主査（部長・次長）<br>主査付（若干名）<br>　主担当員（課長）<br>　担当員（係長）<br>　係員 | 【企画】<br>●マーケティング調査・商品計画・製品企画（マーケティング・商品計画部門）<br>●品質目標立案（技術部門，品質管理部門）<br>●設備計画立案（生産技術部門，生産管理部門）<br>●利益計画立案（経理・原価管理部門）<br>●開発構想作成<br>●開発企画提案・承認取得 |
| | 【開発】<br>●デザイン提案（技術部門）・承認取得<br>●設計・試作（技術部門，生産技術部門，ボデーメーカー，部品メーカー） |
| | 【生産】<br>●生産開始（生産管理部，購買，物流部門，生産部門，品質管理部門，検査部門，ボデーメーカー，部品メーカー） |
| | 【販売】<br>●発売準備（広報・宣伝部門，販売・サービス部門）<br>●記者発表（広報・宣伝部門）<br>●店頭発表・販売促進（販売・サービス部門，品質管理部門，マーケティング・商品計画部門）<br>●定期報告「販売台数・シェア，利益，品質問題」 |

**製品企画室主査の業務**

よび商品計画部門とともに販売店聴取、マーケティング調査、商品計画を行い、技術部門と品質管理部門とともに品質目標を掲げ、生産技術部門と生産管理部門とともに設備計画を立案し、経理および原価管理部門とともに利益計画を立案し、開発構想を作成し、開発企画を提案し、経営トップの承認を得る。

ついで開発（意匠・設計・試作）において、主査（主査付）は、開発構想に基づき、技術部門（工業意匠）とともにデザインモデル（外形・内装）を提案し経営トップの承認を得る、技術部門（設計・試作・評価）、生産技術部門、ボデーメーカー、部品メーカーとともに設計と試作を進める。試作終了後に改めて経営トップの承認を得て、購買および物流部門、生産管理部門、品質管理部門、検査部門、生産部門、ボデーメーカー、部品メーカーとともに製品の生産へ進む。

最後に販売（発売準備・発売）において、主査（主査付）は広報および宣伝部門、販売およびサービス部門とともに発売準備（カタログ作成、取扱説明書作成、ＴＶコマーシャル・広告の作成、発表会資料作成など）を行う。新型車発売では、主査（主査付）は記者発表会・記者インタビューにおいて、新商品の魅力と製品開発の成果とを最大限に告知し、販売店発表会において顧客の反応と販売の勢いとを実感する。主査（主査付）は、発売後も販売およびサービス部門、品質管理部門、マーケティングおよび商品計画部門とともに販売促進・不具合対策・市場調査などを行い、商品の販売と使用が市場で続く限り継続して必要な業務を行う。

# 第一部

# 戦略と企画

# 第1章 オイルショックの嵐

## わずかに残ったプロジェクト

「さあ、やっとできた。締め切りにぎりぎり間に合った」

「製品企画室を呼んでこい、主査にサインしてもらおう。お蔵になるにしても、サインだけはしてもらいたいからな」

「一ヵ月半かけてやっと描き上げたのに…。残念ですね」

「ご苦労さん。しかたがないよ、ほとんどのプロジェクトが中止になるそうだ。それにしてもボデー現図がやっと描き上がって、さあこれからという時に、急に中止とはね」

「一ヵ月半残業につぐ残業で、今月は残業が百時間を超えている。今日は早く帰ってゆっくり休むよ。久しぶりにカミさんのめしを食える。くさいめしが続いたからな」

昭和四十八（一九七三）年十二月の夕方、技術部の現図室の中は、白いトレーニングズボンをはいた、ボデー設計課員でごった返していた。いつもは、現図台の上に広げられた現図の上に腰をおろし、海老のように腰を曲げ、両手に甲と腹だけを覆う白い手袋（指先を切った手袋）をはめて、芯の先を〇・二ミリまで尖らせた製図用鉛筆をこすりつけて現図に曲線を描く者、現図台のそばでほかの設計課と設計変更部分を確認し合う者などで活気あふれる戦場であった。

しかし、今日は違っていた。

向こう側の壁がはるか遠くに見えるほどの大部屋で、床から五十センチほどの高さに桝目の島のように並んだ、五メートル角ほどの現図台のほとんどは現図の片づけが済んだ空き台であった。わずかに、今描き上げたばかりのボデー現図が乗った一台、それに未完成の現図から固定テープを剝がす作業中の一台に人が群がっているだけであった。

――これは非常事態だ。

渥美は、現図室の入口に立って、じっとその光景を見ていた。すでにボデー現図が完成したものも含めて、現在進行中のたくさんの製品開発プロジェクトが今日で中止となった。彼は、中止を免れた数少ない製品開発プロジェクトを指揮する、製品企画室主査グループの一員であった。三十代半ばの彼も、これまで会社の拡大基調の中で育ってきただけに、今日のような日を経験したことがなかった。

渥美たちのプロジェクトは、小型上級車市場の個人ユーザー向けの新車種として企画され、この二年間に行きつ戻りつ二度、三度と企画を変えながらかろうじて生き延びてきた、なかなか陽の目を見ない、いわば難産のプロジェクトであった。車両と新技術の先行開発はかなり進行していたが、既存車種との差別化、発売時期などについての技術、生産、販売の各部門の思いが食い違い、加えて、昨今の製品開発ラッシュによる開発工数不足が行く手を阻んでいたからである。製品開発プロジェクトにはよくあることであった。

「渥美君、君のところのプロジェクトは開発構想を何回指示し直しているんだい」

と、製品企画室のほかのプロジェクトの主査にからかわれてきたのであった。

製品企画室は大部屋制で、主査グループごとにまとまって配席されてはいるが、各主査グループは垣根のない隣同士となっている。隣の主査グループで話し合っている内容は筒抜けだし、隣の主査グループに問い合わせに行くことも多い。実はその便宜のためにこそ大部屋制を採っているのであるが、それでも、隣のことを知らずに過ごしていることが案外多いのである。

ところが、差別化、発売時期、開発工数のめどがつき、第二回目のデザイン審査でも好評価を得て、経営トップのデザイン承認を取り付けた。それはつい二ヵ月前のことで、その直後にオイルショック（第一次）が起きて今日の日を迎えた。

昭和四十八（一九七三）年十月六日に始まった第四次中東戦争は、初めこそ先制攻撃をかけたエジプト・シリア側が第三次中東戦争で失っていたシナイ半島とゴラン高原を奪回したものの、結局はイスラエルの反攻に押されて再びシナイ半島とゴラン高原を失い、二週間あまりでイスラエルの勝利に終わった。中東戦争そのものは、これまでの第一次から第三次と同様に、短期の終結、イスラエルの勝利と変わらなかったが、今回は世界経済への影響が深刻であった。オイルショック（第一次）である。

アラブ産油国は、第四次中東戦争を機に、それまでの増産による原油価格低迷から抜け出すために一転して大幅減産を決め、さらにエジプトとシリアを支援するためにイスラエルを支持する国への原油の輸出禁止を決めたからである。それまでアラブ産油国の安い原油のお陰でふんだんに石油を使い、経済の繁栄と豊かな生活を享受してきた先進諸国は、一転して、大幅な原料価格高、生活用品の品不足、インフレ、不況、そして操業停止に見舞われた。

ガソリンスタンドにガソリンがなくなった。一日の制限販売量にくい込もうと、われさきにガソリンスタンドに並んだ車の列は道路にはみ出して長く続いた。都市部のガソリンスタンドに見切りをつけて、どの田舎道のどこにガソリンスタンドがあったかを思い出し、そこへたどり着くのに必要なガソリン量が残っているうちにと駆けつける車もあった。

「ここのスタンドがだめなら、あそこだ」

と、皆が必死に知恵を絞った。ポリタンクにガソリンを買い溜めてこっそり車庫にしまい込んだため、火災が発生したこともあった。

灯油も一人当たりの販売量が制限され、価格も一リットル当たり十三円であったのが十五円、十八円へと上がり、ついには二十円を超えた。電気に比べて安い灯油を当て込んで、灯油バーナー式のセントラルヒーターを設置した家庭ではその冬の寒さに震えた。

それまで、週に二回は、灯油タンクを積んだ軽トラックが御用伺いに巡回してきていた。

「安くしとく。頼むから買ってくれ」

サービスもよく、一〇〇リットル入りのタンクに満タンに給油してくれていた、軽トラックのおじさんがぱったり姿を見せなくなった。

「高くても良いから、持ってきて」

と電話で頼んでも、売るものがないからと、寄りつかなくなった。やむを得ず、古い石油ストーブを物置から引っ張り出してきて、寒さをしのいだ。文化生活を支えてくれた、セントラルヒーターにはくもの巣が張った。

生活防衛のため、皆が疑心暗鬼になった。

「原油の輸入が止まったから、石油製品の生産も止まるそうだ。業者が石油製品を買い占めているそうだ。そのうちにスーパーからトイレットペーパーがなくなるらしい」

噂で、皆がスーパーへ走った、トイレットペーパーを買い占めた。自宅の一部屋をトイレットペーパーの倉庫に当てた人もいた。その結果、本当にスーパーの店頭からトイレットペーパーが消えた。ポリタンクも、スーパーの一日の販売数量が制限され、ついには店頭から消えた。噂が噂を証明したのである。

第二次大戦直後を除いて、見たこともないような激しいインフレが襲った。大幅な物価上昇に伴い、春闘の賃上げでは、給料は毎年十%、十五%、二十%と上がって行った。それがまた物価を押し上げた。楽になったのは、オイルショック前に借金をした人、借金で持ち家をした人だけであった。オイルショック後の五年間で、当初の借金は半減した感じとなった。

それでも、第二次大戦直後とは違い、高度成長期に入っていた日本の経済はなんとか持ちこたえた。

しかし、このオイルショックが、日本の政府、産業界、国民に、これまでの無防備、無警戒、放漫を反省させる警鐘となった。政府は原油の備蓄を始め、産業界は石油消費と設備の効率化を図り、国民は使い捨てを見直した。

昭和四十年代初めに始まったモータリゼーションによって、順調に生産台数・販売台数を伸ばしてきた、日本の自動車産業にも初めての試練が訪れた。

「リッター六、七キロ、そんなもんですよ、乗用車の燃費は」

とうそぶいていた自動車メーカーは、燃料消費率の低い車の開発に舵を切った。

昭和四十九（一九七四）年の年が明け、製品開発計画に関する経営トップの意向が明らかになった。渥美たちのプロジェクトは、別に予定されていたマークⅡのモデルチェンジに代わり、当初予定の発売時期を遅らせて製品開発を続ける、ということになった。前年十二月で中止となった製品開発プロジェクトについては、その一部を廃止し、残りは大幅に発売時期を遅らせて企画からやり直す方向で検討することになった。もちろん、工販トップの最終合意までには今しばらくの時間と紆余曲折も予想されたので、明らかになった経営トップの意向に沿って先行的に開発を進めながら、今後の方針変更にも対処できる準備も怠らないことが必要であった。

「これでやっと陽の目を見ることができるかもしれない。マークⅡのモデルチェンジとなれば市場のポジショニング、商品コンセプト、車種構成の見直し、販売チャネルへの新たな対応が必要になるだろうが、たとえどんな情勢変化や困難があっても必ず対応しよう。生きながらえただけでも喜ばなくっちゃ」

深谷主査と主査付の渥美主担当員、里見担当員、水島係員の四人はお互いに勇気づけあった。深谷主査グループは、この四人に主査秘書の葛城を加えた、総勢わずか五人であった。もとはといえば日陰者に甘んじていたプロジェクトと新造の主査グループが、本命のマークⅡとその主査グループをさしおいて、最激戦の小型上級車市場にトヨタを代表して打って出る、という感じであった。

――まるで二軍か三軍の選手が日本シリーズ第七戦に突然代打出場するようなものじゃないか。

渥美主担当員は、期待とともに責任の重さをずしりと肩に感じて、身震いした。


主査の深谷はデザイン、主担当員の渥美はボデー設計と振動実験、担当員の里見はシャシー設計のそれぞれ出身であるが、誰もが製品企画室経験は初めてという、いわば製品企画の素人である。係員の水島は入社して間もない社員である。製品企画室のスタッフは設計課か実験課を経験し、その部門のベテランとなってから集まる。その経験と声望がないと、利害相反する多くの部署の意見を調整できないし、製品企画室が指示しても誰も従わないからである。そして、製品企画室経験者を必ず加える。製品企画室経験者が一人もいない主査グループというのはめずらしい存在であった。

深谷主査のもとで、渥美主担当員は総括、販売、原価管理、デザイン、ボデー、艤装、実験を、里見担当員は重量管理、試作管理、エンジン、駆動、制動、シャシー（懸架、操舵を含む）を担当し、水島係員は補助業務をこなしていた。

日をおかずに、国内企画部の黒崎課長と祢津係員が製品企画室の深谷主査のところへ報告に来た。

「オイルショックによってユーザーの上級車への買い替え志向は弱まると思いますが、依然として小型上級車市場は大きく、近い将来急増するはずのスカイラインの買い替えユーザーを吸収するためには、従来のマークⅡの商品コンセプトよりも深谷主査グループが進めてきたプロジェクトの商品コンセプトを支持します」

と、黒崎課長は国内企画部の考えを深谷主査に伝え、同時に深谷主査のプロジェクトへの積極的な支援と協力を表明した。

これまでの販売経験では、既存車種がモデルチェンジをした場合に、再び同じ車種に買い替えるユーザーは三十％ほどで、それをブランドロイヤルティ（「同一銘柄に対する忠誠度」の意味）と呼ぶ。国内企画部の方針は、ライバルのスカイラインのブランドロイヤルティを三十％以下に切り崩し、その分をマークⅡ、すなわちトヨタ陣営へ奪い取ろうというものであった。

一週間後に、トヨタ自販の商品計画室の富岡室長と生駒課長が製品企画室の深谷主査を訪ねてきた。

「近い将来急増するはずの、スカイラインの買い替えユーザーを吸収するには、マークⅡのモデルチェンジが大変重要だと思っています。マークⅡのモデルチェンジについて言えば、従来のマークⅡの商品コンセプトよりも深谷主査のプロジェクトの商品コンセプトがふさわしいと思います。その上で、ライバルのローレル、スカイラインに対抗するには、そして今後急成長するはずの小型上級車市場でトヨタが販売シェア五十％を確保するには、マークⅡ一車種では無理で、あくまでもマークⅡモデルチェンジをベースにした双子車を造って、二つの販売チャネルへ対応する必要があることを申し上げます」と、富岡室長は主張した。トヨタ自販で将来の商品展開を企画する商品計画室の富岡室長の言葉は、トヨタ自販トップの意思、またトヨタ販売店協会の総意、でもある。深谷主査のプロジェクトを支持するという点では国内企画部と同じであるが、あくまでも二チャネル販売が必要とのトヨタ自販の主張を忘れなかった。

しばらく日をおいて、海外企画部が製品企画室の深谷主査を訪ねてきた。

「マークⅡクラスは、アメリカ市場では競争が激しすぎる、ヨーロッパ市場では高価すぎるなど、いずれも販売面で苦しい。CKD（日本から部品を送って現地で組み立てるノックダウン方式）の南アフリカ、オーストラリアがまず輸出対象市場となるでしょう。一方、同クラスのワゴンは、欧米では高級車と位置づけられているから輸出しても多くは望めません」

と、マークⅡモデルチェンジの輸出構想について説明をして帰った。

自動車の新型モデル登場には、その規模に応じて、四つのタイプがある。まったく新しい車種の登場を意味する「ブランドニュー（brand-new）」、既存車種の全面改良（ボデー、装備、エンジン、足回りなどの全面的変更）を意味する「フルモデルチェンジ（full model change）」（一般にはフルモデルチェンジをモデルチェンジと略称するので、以下、略称をもちいる）、既存車種の一部改良（ボデー、装備の一部改良）を意味する「マイナーチェンジ（minor change）」、既存車種のお色直しを意味する「フ

| 新型モデル登場 | |
|---|---|
| ブランドニュー（brand-new） | まったく新しい車種 |
| フルモデルチェンジ（full model change） | 既存車種の全面改良（ボディー・装備・エンジン・足回りなどの全面的変更） |
| マイナーチェンジ（minor change） | 既存車種の一部改良（ボディー・装備の一部） |
| フェースリフト（facelift） | お色直し |

新型モデル登場のタイプ

ェースリフト（facelift）」がある。いずれも技術的改良と商品力強化のためになされるが、フェースリフトは効果が少ないとしてあまり行われない。

四つのタイプとも、それぞれの変更規模に応じた開発費（数億～百億円）と資源を費やす。また、ボデー、装備、エンジン、足回りの全面的変更により、当然、生産ライン、生産設備も全面的に変更となるから、設備投資などの資金（数百億円）と資源を必要とする。部品メーカーの費やす開発費と設備投資を加えると、モデルチェンジに必要な費用と資源は膨大となるため、オイルショック（第一次）以降のわが国では、省資源と省エネルギーの立場から、「乗用車のモデルチェンジを四年以内には認めない」と通商産業省（現経済産業省）が指導していた。

一方、自動車のモデルチェンジは、そのたびに性能向上と価格低下を顧客に提供し、そのたびにモータリゼーションを進めてもきた。モデルチェンジは、自動車メーカーの市場競争であると同時に、自動車メーカーが技術開発競争の成果を顧客に還元するイベントでもあった。

| [ラインオフ〜] | [開発ステップ] | [承認] | [届出] |
| --- | --- | --- | --- |
| -32ヵ月 | 開発構想指示 | 開発企画承認（経営トップ） | |
| | ↓ | | |
| -24ヵ月 | デザイン提案 | デザイン承認（経営トップ） | |
| | ↓ | | |
| -20ヵ月 | ボデー現図完 | | |
| | ↓ | | |
| | 試作図 | | |
| | ↓ | | |
| -16ヵ月 | 一次試作一号車完 | | |
| | ↓ | | |
| | 生産試作図 | 生産試作承認 | |
| | ↓ | | |
| -6ヵ月 | 一次生産試作開始 | | |
| | ↓ | | |
| | 正式図 | 生産承認（経営トップ） | 国家認証認可 |
| | ↓ | | |
| | 最終品質確認 | 出荷承認 | |
| 0ヵ月 | ラインオフ | | |
| | ↓ | | |
| +6ヵ月 | 初期市場調査 | 初期市場調査報告 | |

**開発大日程**

当時の代表的な乗用車の製品開発（フルモデルチェンジの場合）をわかりやすく概数（著者推定）で示せば、次のようになる。

製品開発の企画から発売までを示す開発大日程ではラインオフ（ＬＯと書く、生産開始・発売の意味）を基準に「ラインオフ前〇〇ヵ月」と呼ばれ、「ＬＯマイナス〇〇ヵ月」と表される。世界主要メーカーの開発パターンより大幅に期間短縮された、オイルショック（第一次）後の製品開発パターン（本書のプロジェクトより始まった）によると、開発大日程は、開発企画承認がラインオフ前三十二ヵ月、デザイン承認がラインオフ前二十四ヵ月、ボデー現図完成がラインオフ前二十ヵ月、一次試作一号車完成がラインオフ前十六ヵ月、一次生産試作開始がラインオフ前六ヵ月、であった。すなわち、開発期間はほぼ三ヵ年となる。

一方、開発工数は一〇〇万人時（二〇〇人がフルタイムと残業とで三年間働く時間に相当、社内外の数千人が関わる）、試作車は二五〇〜三〇〇台、試験走行距離は八〇〜一〇〇万キロ（地球二〇〜二五周に相当）、開発費は一〇〇億円前後、設備投資額は二〇〇〜六〇〇億円（フルモデルチェンジの内容により大きく変動する）、総生産台数は五〇〜一〇〇万台（最高は大ヒット商品の場合）、総売上額は一〜二兆円（最高は大ヒット商品の場合）、総利益額は一〇〇〇億円（大ヒット商品の場合）、となる。

# 第2章　販売シェア五十%を狙え

## 投資を抑え、原価を下げて

製品開発計画への経営トップの意向が明らかになったことを受けて、製品企画室と国内企画部、トヨタ自販商品計画室とは、市場分析とマークⅡモデルチェンジの戦略を練った。

「ここまでマークⅡが落ち込んだら、どんな新車を開発しても、マークⅡという車名を変えない限りライバルには勝てないのじゃないか」

「車名を変えてください、などと社長に言えるか。車名が悪いから売れないのではない、売る努力をしないから悪い車名と言われるのだ、と社長は言うに決まっているよ」

ひとわたり愚痴が出尽したところで、真面目な議論に入った。

「初代マークⅡは、フォーマルなクラウンやコロナとの競合を意識的に避けて、レジャー用、遊び用のセグメントにポジションを採った。二代目もそれを引き継いだ。だから、小型上級車市場が大きくなっても、シェアを獲れなかったんだ。三代目ではその愚を改めないといけない」

国内企画部の黒崎課長がこれまでの議論を総括した。黒崎課長は、マーケティングへの造詣が深いトヨタ自工の論客の一人であった。

「小型上級車市場でも、その中心セグメントにいる顧客が数では一番多いのだから、まずその中心セグメントをいただく。もちろん、競争は激しいが、その戦略以外に販売シェア五十％を狙う道はない。そのためにはこれまでのようなレジャー用の車ではだめだ。また、より高級車を望む客にはマークⅡの中に別格の最高級グレード『グランデ（Grande, 最高の、スペイン語）』を設定して売り込み、マークⅡ（トヨペット店）からクラウン（トヨタ店）へ逃げる顧客をマークⅡに引き留める。それでなくてはトヨペット店の収益が上がらない。もちろん、コロナなどの小型下級車のユーザーにも低価格グレードで売り込みたい」

切れ者で知られた、商品計画室の生駒課長がその戦略を披露した。生駒課長は明晰な頭脳と正義感とを持ち合わせていた。

「要するに、マークⅡは小粋な遊び車から変身して堅気の車になる、ということですね。『堅気になろう三代目』か、これはいい」

製品企画室の渥美主担当員は、黒崎課長と生駒課長の意見を聞きながら、基本戦略をわかりやすいキャッチフレーズにまとめて、有頂天になっていた。

毎週の話し合いを重ねたすえ、製品企画室、国内企画部、トヨタ自販商品計画室は、マークⅡモデルチェンジについて、次のような点で合意に達した。

（一）従来のマークⅡが、中心市場からややはずれた個人ユーザーの小粋な遊び車であったため、広くユーザーを確保できなかったという反省に基づき、堅気に戻る、すなわち小型上級車市場の中心を占める車とする。

（二）ユーザーが所有に誇りを持てるような普遍性のある車とする。装備もそれにふさわしいものとする。

（三）その車の持つ真の価値（ユーザーの評価）は中古車価格（リセールバリューと呼ぶ）にこそ現れることに留意し、結果的に中古車価格の高くなるような車を目指す。

（四）設備投資と製造原価を低減して販売価格を抑え、価格競争力の高い車とする。

（五）先進ヨーロッパの車に負けない、高い基本性能の車とする。

「マークⅡモデルチェンジの商品コンセプトは先日の合意で間違いないと思いますが、念のため一度、グループインタビュー（マーケティング調査法の一つ）にかけてみましょうか。もちろん、調査内容も依頼会社もさとられないように、極秘の調査を調査専門会社に依頼するんですが」

商品計画室の生駒課長から打診があったので、製品企画室も国内企画部も合意した。

調査会社が指定した日の指定した午後六時、指定したビルの受付に、商品計画室の生駒課長が製品企画室の深谷主査と渥美主担当員、国内企画部黒崎課長を伴って現れた。表通りから入った小さなビルの玄関には、受付嬢のほかに誰もいなかった。生駒課長がトヨタ自販を名乗ると受付嬢は心得たように四人を四階の廊下の行き止まりにある小部屋に案内した。縦長の小部屋には窓がなく、机と椅子だけがおいてあり、行き止まり側の壁には場違いに幅広の厚手のカーテンが下がっていた。受付嬢は黙ってカーテンを左右に引いた。

「…」

カーテンの向うは半透明な鏡（マジックミラー）になっていて、隣の部屋からは見えないが、こちらの部屋からは隣の部屋が丸見えになっていた。隣の部屋では楕円形のテーブルに八人がついていて、一人は調査会社の司会役、ほかの七人は三十～四十代のパネルであった。

「今日は、スカイライン、ローレル、マークⅡなど、小型上級車について皆様のご意見を聞かせてください」

司会者が口火を切ると、パネルがそれぞれ活発に意見を述べた。

「価格が高いのに高級感が今ひとつですね」

「同じ五人乗りなのに燃費が悪い」

「まあ、小型上級車の燃費なんてそんなもんですけどね」

周りの意見にあえて異を唱えるパネルもいた。

「小型上級車というからにはやっぱりスポーティですよ。走りがよくない車なんて…」

最後に元気の良い一人がそう言い切ると、なだれを打つように同調者が相ついだ。

「七人は一つの市場を意味し、へそ曲がりの意見が出るのも、元気の良い意見に引きずられるのも市場なんですよ」

終わってビルを出た後に、生駒課長が深谷主査と渥美主担当員に解説した。

「トヨタ自工が生産した製品は、すべてトヨタ自販に売り渡され、トヨタ自販を経由して販売店から販売するものとする」

トヨタ自工とトヨタ自販の間でそう取り決めがなされていた。トヨタ自工は自社生産の自動車製品をすべて、トヨタ自工工場の組立ラインから隣接するトヨタ自販ヤードへ運び、トヨタ自販へ引き渡してきた。したがって、トヨタ自販はいわばトヨタ自工の販売部門であり、トヨタ販売店系列（トヨタ店、トヨペット店、カローラ店、オート店の四系列、なお販売店系列を販売チャネル、販売店をディーラーとも呼ぶ）に対しての卸売り会社である。

トヨタ自販には販売店系列ごとの販売部門があり、それは車両販売部と呼ばれる。それとは別に、現在販売中の車種の販売に影響を与えないように、商品計画室がトヨタ自販の新製品に関するマーケティング調査と商品計画を担当する。一方、トヨタ自工では、新製品に関するマーケティング調査と商品計画を国内企画部または海外企画部が担当する。製品企画室は、トヨタ自工の国内企画部または海外企画部、およびトヨタ自販の商品計画室と協議・連携しながら、新製品の構想、製品企画、および製品開発を行う。

製品開発の企画には、商品計画と製品企画とがある。

商品計画は市場（マーケット）に関する企画で、そこではポジショニング、商品コンセプト、発売時期を意思決定する。一九二〇年代のアメリカ市場で、圧倒的強さを持つフォードT型に対抗するために、「誰にも、どんな使用目的にも合う単一車種」のフォードT型の逆手を採り、ゼネラルモーターズ社は「顧客ごとのニーズと財布に合う複数車種群」を展開する戦略を採った。この市場細分化戦略では、市場をいくつかの小市場（セグメントと呼ぶ）に細分し、「どのセグメントをターゲットとするか」を決め（ポジショニングと呼ぶ）、そのセグメントの「顧客が望んでいる商品の特徴」（商品コンセプトと呼ぶ）を備える商品を提供する。ゼネラルモーターズ社の成功を目の当たりにして、その方法は世界中に広まった。

「いつなら、その市場の顧客が育ちそうか、ライバルに遅れを取らないか」

その市場情勢に合わせて発売時期が決定される。基本方針決定の遅れ、開発の遅れなどの社内都合により、発売時期を守れない場合には、売れるチャンスを逸することになり、それは機会損失と呼ばれる。

商品計画において意思決定したポジショニング、商品コンセプト、発売時期を実現するための、「製品と製品開発の企画」が製品企画である。

「顧客の望む商品を実現するためには、製品の企画・開発を統括的に行う必要がある」

と、第二次世界大戦が終わるとすぐに、ゼネラルモーターズ社が始めたものである。第一次世界大戦終了後のアメリカにおける生産過剰と販売不振、それに続く大恐慌が教訓となっている。

二ヵ月を経て、工販の会議が開かれ、トヨタ自工・トヨタ自販トップの意思が決まった。

「マークII次期モデルは、マークIIのモデルチェンジではあるが、従来のマークIIより上級クラスの顧客をターゲットとする車とする」

その中で、深谷主査のプロジェクトに関する意思決定もなされた。

一週間後に、国内企画部、製品企画室、トヨタ自販商品計画室により、工販トップの意思を踏まえた話し合いが持たれた。

「マークII次期モデルの商品計画、製品企画と開発構想は、すでに工販トップの意思を織り込み済みであり、当初案どおりに進めよう」

と、製品企画室、国内企画部、トヨタ自販商品計画室がまず合意した。その後で、商品計画室がトヨタ自販の双子車構想を強く主張し、その件についてデザイン審査後に改めて話し合うことを求めた。

初夏を迎える頃、企画会議でマークIIモデルチェンジの開発企画が承認された。その承認を受けて初めて、新製品の開発コードが与えられ、製品企画室の開発構想が指示される。深谷主査は、上司である製品企画室長秦野常務取締役に呼ばれて、従来プロジェクトの中止と新しい開発構想の指示を命じられた。

「従来のプロジェクトを中止し、新たなプロジェクトに引き継ぐ。新しい指示に従って開発を行うように」

深谷主査は、旧プロジェクトの中止を指示し、代わりにマークIIモデルチェンジ（三代目マークII、以下、マークII次期モデルと呼ぶ）を想定した開発構想を指示することにした。

——こんどこそ陽の目を見ることになる。

渥美主担当員は、旧プロジェクトの時代から何回も書き慣れた開発構想ではあったが、今回はいつもと違った思いを込めて力強く丹念に書き上げた。主担当員サイン欄に花押のような、一筆書きのサインを書いてから、深谷主査のサインを仰いだ。

新しい開発構想は、国内企画部、商品計画室との打ち合わせに基づき、マークⅡモデルチェンジと位置づけながらも、従来のマークⅡとは路線を異にする内容となった。

マークⅡ次期モデルの開発構想の「開発の狙い」には、

（一）小型上級車市場の中心に位置し、幅広いユーザーへ対応できる
（二）流行に左右されない普遍性を持つ
（三）最上級オーナーカーとして必要かつ十分である
（四）ユーザーが誇りを持てる
（五）中古車価格が高い
（六）外形スタイルが風格と美しさを備えている
（七）後部座席も重視したファミリーセダンの室内パッケージを持つ
（八）視界が良く運転しやすい
（九）コンパクトかつ合理的なスペース確保をしている
（十）バン・ワゴンへの対応が可能である
（十一）国内・海外のライバルに十分な競争力を持つ

| 開発構想の項目 | 開発構想の内容 |
|---|---|
| 開発の狙い | 経済予測，市場予測，開発意図，市場のポジショニング，商品コンセプトなど |
| 車種構成 | ボデー型式，エンジン，トランスミッション，乗車定員，グレード，仕様，仕向先（国内販売チャネル，輸出先）など |
| 生産・販売の規模 | 総生産台数・車型別生産台数，販売シェアなど |
| 販売価格・製造原価 | 代表車型の販売価格・製造原価，目標利益率，設備投資額など |
| 諸元・構造 | 全長・全幅・全高，ホイールベース，トレッド，車両重量，構造，装備，新機構，新技術など |
| 性能・品質 | 最高速度，加速性能，制動性能，燃料消費率，その他の性能・品質，開発目標など |
| 開発大日程 | デザイン承認，出図，試作，ラインオフなど |
| 車両計画図 | 1/5四面投影図（側面，平面，正面・背面） |

**開発構想**

などを挙げた。

一般的に、開発構想には、開発の狙い（経済予測、市場予測、開発意図、市場のポジショニング、商品コンセプトなど）のほかに、車種構成（ボデー型式、エンジン、トランスミッション、乗車定員、グレード、仕様、仕向先―国内販売チャンネルと輸出先―など）、生産・販売の規模（総生産台数・車型別生産台数、販売シェアなど）、販売価格・製造原価（代表車型の販売価格・製造原価、目標利益率、設備投資額など）、諸元・構造（全長・全幅・全高、ホイールベース、トレッド、車両重量、構造、装備、新機構、新技術など）、性能・品質（最高速度、加速性能、制動距離、燃料消費率、その他の性能・品質、開発目標など）、開発大日程（デザイン承認、出図、試作、ラインオフなど）などが指示される。さらに、開発構想には必ず車両計画図が添付される。添付と

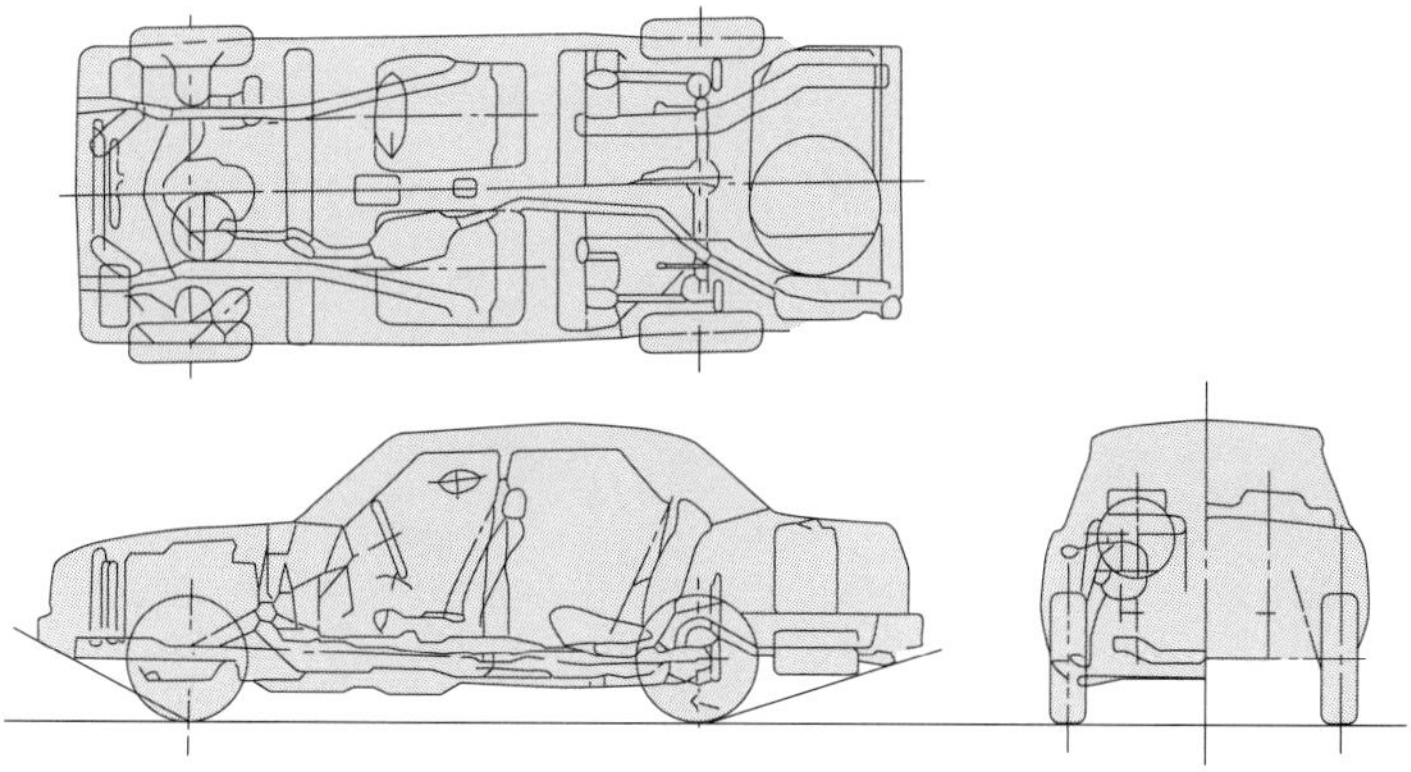

車両計画図

いうよりも、車両計画図も含めて開発構想であると考えるのが正しい。

開発構想は、あれもやりたいこれもやりたいという単なる願望を羅列したものではなく、そこに提案されたポジショニングと商品コンセプト、販売台数と販売価格、生産台数と設備投資額、製造原価と利益計画、構造・装備・新技術、性能・品質、開発目標などのすべてを実現するという、主査の意思を表現したものである。言葉で意思表明するだけでなく、その実現可能性を示した図面が車両計画図と呼ばれるものである。

車両計画図は、開発構想に宣言された開発の狙い、商品コンセプト、寸法諸元、構造、装備をすべて盛り込んだ縮尺五分の一の四面投影図（側面、平面、正面・背面）で、その中には「必ず守らなければならない点」（ハードポイントと呼ぶ）が数点書き込まれている。

「ハードポイントを守り、車両計画図に基づいて細部設計を進めれば、開発構想に盛り込まれた内容はすべて実現する」

と約束した証拠が車両計画図なのである。それは主査の誓約の証しであり、開発構想が単なる願望や絵空事ではないことを証明するものである。

システムは、各設計部署が各自設計した部品を組立ててできあがるわけではない。またそのようなやり方では、たとえ部品が優れていても、優れたシステムとはならない。まとまって機能を果たすシステム（製品）とするために、初めに目的機能に合わせてシステム全体を設計し、ついでシステムの成立要件を満たすようにシステムの各部位（システムの構成部分）、各部品（部位の構成要素）の細部まで設計する。したがって、システム全体の設計を行う製品企画の段階で製品の大局は定まる。

製品企画において決定されたシステムの成立要件を守りながら行う細部設計が設計と一般に呼ばれるものである。実際の設計では、まず構造・寸法を仮決定し、その構造・寸法をもちいて性能、重量、原価などを計算し、その計算値が目標値を満たしていれば仮決定の構造・寸法を採用する。計算値が目標値を満たしていなければ、寸法を変え、構造を変えて仮決定をやり直し、目標値を満たすまで、設計解の探索を続ける。

このようなポジショニング、商品コンセプトの大幅な変更に伴い、室内パッケージ（車室内の形状と乗員配置を考慮した室内寸法）では乗車定員五人がゆったり座れるように後部座席スペースを広く取り、外形形状ではウインドシールド（前面ガラス、風防の意味）とリアガラスの傾斜を立て、サイドの窓ガラスを外側にずらせて、乗員のヘッドクリアランス（頭部まわりのスペース）を広く取れる形とした。この変更は外形デザインには不利であるが、マークⅡ次期モデルを量販車に仕立てるためにはやむを得ない痛みであった。ボデー構造も生産性に有利な構造へと大幅に変更した。

車両計画図は詳細な図面である。里見担当員の指導を受けながらとはいえ、それを水島係員が初めて描き上げた。

「いかにも新人が描いたように見える車両計画図だが、新人にしてはよく描けている」

深谷主査はそう言って水島係員の労をねぎらった。

マークⅡ次期モデルの開発構想の指示を待って、製品企画室は社内の三十近い関連部課を集めて指示内容の説明会を開いた。指示内容を徹底させるために、また製品開発の背景と意図を正しく理解し記憶してもらうために、どのプロジェクトでもやる行事である。

マークⅡ次期モデル説明会では、初めに深谷主査が従来プロジェクトへの協力に感謝し、マークⅡモデルチェンジに姿を変えた経緯、マークⅡ次期モデルの狙いと方針を説明し、その後に渥美主担当員が開発構想の細部内容と開発大日程について説明した。

「こんどのプロジェクトは、わかりやすく言うと、『堅気になろう三代目』ということです」

渥美主担当員は、集まった関連部課の代表（課長、係長または係員）の記憶に残るように、このキャッチフレーズを最後に付け加えた。

「未確定項目についてはいつごろ指示がなされるのか」

「開発大日程がきつ過ぎるのではないか」

「開発工数は確保されているのか」

各部課の代表から次々と質問が出され、そのたびに、基本方針については深谷主査が、構想細部については渥美主担当員と里見担当員がていねいに補足説明し、必要に応じて約束をした。

「従来のマークⅡ担当グループとの関係はどうなるのか」

「マークⅡ担当グループはマークⅡ現行モデルを担当し、マークⅡ次期モデルのみをわれわれグループが担当する。変則的です」

深谷主査が質問に答えた。

開発構想の説明会を終えると、深谷主査グループは製品開発をどんどん先へ進めた。ラインオフ時期が未決着でトヨタ自工とトヨタ自販とで半年程度の違いはあるものの、残されたリードタイム（開発期間）からすると、両者の合意が得られるまで待つことはできなかった。

「何が起きても、たとえ途中で当初予定から早まっても、ラインオフを厳守する」

主査と主査付にとって、それが課せられた第一の責務であり、その能力が第一の資質であったからである。

小型車以下のセダンは五人乗り、すなわち乗車定員五名、が常識であった。ライバル車も皆そうであった。クラウンなどの中型車にだけ六人乗りの車型があった。中型車の六人乗りは前席ベンチシート付きのものであるが、同じ前席ベンチシート付きでも小型車では五人乗りであった。六人乗り、すなわち前席も三人掛け、は規定寸法以上の前席室内幅がないと運輸省（現国土交通省）の認可が得られない。ところが、マークⅡでは、前席室内幅がほぼ規定寸法近くまであったのに、六人乗りの企画がこれまでまったくなかった。

「六人乗り車型を造れば新たな需要を喚起できる、何よりもクラウンへ上級移行しようとする顧客をマークⅡに惹きつけておくことができる」

自販商品計画室、国内企画部、製品企画室がここに目を付けた。

「『六人乗りがないのが致命的』と、トヨタ販売店協会トヨペット店部会ではいつも話題になっているらしい。渥美さん、室内幅を少し広げれば、六人乗りを造れるでしょう」

「それは可能だと思います。私も家族が多いので六人乗りをほしいし、社内にも隠れ六人乗りユーザーが結構いますよ」

商品計画室の生駒課長の問いかけに、製品企画室の渥美主担当員が答えた。

マークⅡ次期モデルの室内幅を多少広げて規定の寸法を確保することは、それほど難しくはなかった。しかし、六人乗りベンチシート車の車型を一つ増やすことに、多くの部署が反対した。

「乗用車は定員五人と決まっている。今までもそれで問題がなかったじゃないか。どうして六人乗りが必要なんだ」

「これまでも十分多い車種構成に、さらに車型を一つ増やすとなると、製造工場の組立ラインの脇に配置する部品点数が急増し、部品棚に収まりきらなくなる。六人乗り車型を増やせば、かさの大きい、ベンチシート、カーペット、コラムシフト（ステアリングコラムに添うリンクでトランスミッションシフトを伝える方式）のステアリングコラムなどが増えるし、室内色数によってはその数が倍増する」

「古いコラムシフトをいまさら設計するのか。フロアシフトでないと顧客は見向きもしないぞ」

反対意見が渦巻いた。

「十年前まではコラムシフトこそアメリカ伝来の新しいシフトだったんですけどね」

渥美主担当員は嫌味をつぶやいた。彼のもとへは、社内の隠れた六人乗りユーザーからの、応援が続々と届いていた。

最後に、製品企画室内でも孤立する渥美主担当員への強力なパトロンが現れた。

「マークⅡで六人乗りが可能だと？　それはいい、やれるんだったらぜひやるべきだ。ライバルもまだ気づいていないんだったら、市場を掘り起こす絶好のチャンスじゃないか。それをやらない手はないよ」

製品企画室の月例報告会で、渥美主担当員から検討内容の報告を聞いた、上司の最上副室長が強く支持してくれた。

最上副室長は、製品企画室主査出身で、取締役・製品企画室副室長として小型車以上の乗用車グループを統括している。根っからの技術屋で、誠実かつ合理的な最上副室長の助言はいつも公明正大であった。

製品企画室の深谷主査は、マークⅡ次期モデルの車種構成では、基本車型のセダンとともに重要な車型となるハードトップをボデーメーカーのトヨタ車体㈱へ開発委託をすることにした。トヨタ車体㈱は現行マークⅡハードトップの生産委託会社でもあった。

ボデーメーカーはトヨタ自工からエンジン、駆動、制動、操舵、懸架（サスペンションとも呼ぶ）などの部品補給を受け、ボデーと内装品のみを設計し、完成車両を生産する、トヨタ自工の分社的な会社のことである。ボデーメーカーにも製品企画室があり、車種ごとに担当の主査と主査付がいる。ボデーメーカーの製品企画室は、トヨタ自工の製品企画室の指示を自社内に展開し、自社内で検討した提案をトヨタ自工の製品企画室に提案し協議する立場にある。

開発委託とは、担当部分（この場合、ボデーと内装の一部）の設計と試作を、トヨタ自工から委託することをいう。開発委託は委託先の製品開発部門・試作部門の多くの開発工数（人・時間、マンパワーを意味する）を使うので、その開発工数に対する費用はトヨタ自工からボデーメーカーへ支払われる。多くの場合には、開発委託に伴って、生産委託もなされる。

さっそく深谷主査は渥美主担当員、外形デザイン、内装デザインの各担当課長を伴って、トヨタ車体㈱へ出向き、委託先の製品企画室、デザイン部と打ち合わせを持った。

同じ頃、マークⅡモデルチェンジには欠かせない、バンとワゴンについてもボデーメーカーの関東自動車工業㈱へ開発委託をした。それを受けて、関東自動車工業㈱の製品企画室宇佐美主査と技術部長がトヨタ自工を訪れ、深谷主査と打ち合わせを持った。

社内および協力企業に対するトヨタ自工製品企画室主査の意思・方針を伝える指示方法には、基本事項を指示するもの、基本事項を補足指示するもの、重要度の低い事項を指示するものがある。また製品企画室の書式にとらわれない形式のメモもある。どのような書式の場合にも、捺印ではない「主査サイン」が必要である。そのため、主査と主査付は、間違いなく本人のものであると周囲が認識できるような、他人では真似のできない一筆書きの自署（花押のような自署）を持っている。「主査サイン」があって初めてその指示は効力を発効する。また、機密保持の観点から、各指示は発行部数を最少に限定し、配布先も記録に残す。

指示や現図のほかに、設計部各課が作成した設計図も、設計部各課の担当者、係長、課長、部長のサインを受けた後に、製品企画室の主査付、主査のサインを受けて初めて発効する。一日当たり一〇〇～二〇〇枚の設計図面を一時間ほどで検図しサインする。「図面を広げ一べつした時に部品形状が頭に浮かばなければ図面のどこかに間違いがある」と主査付は心得ていて、たまに間違い図面を差し戻すと、「検図なしのサインだけ」と見下していた設計各課には驚きが走ることになる。

初夏になって、製品企画室は、生産設備投資を計画・管理する設備計画室とともに、設備投資額の見積りに入った。製品企画室を代表して渥美主担当員が協議に加わった。協議は製品企画室の方針、生産技術部の要望を基に、設備計画室が会社方針に沿ってまとめ上げるものである。

「強力なライバルのスカイラインとローレルを敵とするには、マークⅡ次期モデルは、商品魅力はもちろんのこと、販売価格も圧倒的に敵に優るものでなければならない。販売価格を低く抑えるために、設備投資額を思い切って減らし、製造原価に占める固定費分を少なくしておきたい。製品企画室は、目標販売台数を超えて販売する覚悟ではあるが、仮に目標販売台数を下まわった場合にも赤字にならないようにしておきたい」

深谷主査を代行して、渥美主担当員は製品企画室の方針を説明した。

「設備計画室も製品企画室の意見に賛成である。従来の生産設備は、花魁の簪のように、たくさんのトランスファーマシン（自動加工ライン）を並べ立てる過剰投資であったと反省している。オイルショックで先行き需要の低迷が予想される今こそ、そのようなトランスファーマシンから脱却し、汎用機で生産ラインを構成してみてはどうか。設備投資額を極力押さえるにはそれしかない」

設備計画室の当初提案も抑えられた設備投資額であった。

マークⅡ次期モデルの目標販売台数は市場規模（モデルライフ―発売から四年間―の小型上級車市場の予想販売台数）に目標販売シェアを掛けた台数になる。理屈の上では、目標販売台数を生産できる生産設備を備える投資額が必要になるが、そうすると、目標販売台数が達成されなかった場合には少ない販売台数に設備投資額償却負担が重くのしかかり、台当たり設備投資額償却負担が売れない車種の販売価格を押し上げ、さらに売れなくする危険性が高い。

「目標販売台数の七掛け（七十％）を採ろう。狙いどおり七十％を超えたら、その時には追加投資することにしよう」

設備計画室が提案した。目標販売台数を達成できない場合に対応する、設備投資の安全係数の七掛けまたは八掛けのうち、より安全な七掛けを採った。

その上で、設備投資額低減の知恵を出し合って、さらに、そしてさらに下げ、目標投資額を一〇〇億円以下に抑えることが決まった。それは、当初提案を三十％も下まわる金額で、オイルショック前のプロジェクトの投資額の半額以下の目標であった。

「オイルショックで景気が落ち込んでいる今こそ、安く設備を買いあさる時だ」

との主張もあった。

——しかし、担当する車種が製造原価高となり販売価格高となって、販売台数が伸びない、販売シェアでライバルに勝てない、となる先行きの苦労を想像すると、今は一億円でも投資額を減らし、台当たりの設備投資額償却負担を減らして販売価格を下げておきたい。

製品企画室はそう考えた。

トヨペット店は、トヨタ自販の四販売店系列の一つで、原則的に各県に一店ずつある。トヨタ自販が販売実験店として設立した数店を除き、四販売店系列のほとんどの店はトヨタ自販の募集に応募した地元の有力資本が創業したものである。

トヨタ自販の車両販売部の仕事は担当車種の販売促進と販売店の経営支援で、そのうちの経営支援では地区担当員（次長、課長クラス）が月の半分で担当地区の販売店をまわり情報を集め経営トップと面談し、残り半分で本社に帰り報告し指示を受け、経営問題の把握と支援を行う。販売店では、畏敬の念を込めて、地区担当員を「地区担当員殿」と呼ぶ。

「主査、お忙しいでしょうが、一度販売店をまわってみませんか。ご案内しますよ」

トヨタ自販商品計画室の生駒課長は、これまで製品企画室経験のない、そして新製品の販売チャネルとなるトヨペット店との付き合いのない、深谷主査を主要なトヨペット店のトップに引き合わせ、販売の実情を知ってもらおうと、販売店訪問を深谷主査に持ちかけた。これまでに二、三のトヨペット店には商品計画室、国内企画部とともに訪れたことがあるが、それ以外の有力トヨペット店とは面識のなかった深谷主査はトヨペット店訪問を応諾した。

訪問の機会と日程を考え、生駒課長は、販売台数の多い有力トヨペット店の中から北海道、関東、近畿、中国、九州の各地区のトヨペット店を選んだ。

深谷主査と渥美主担当員はトヨタ自販本社に集まり、生駒課長、沓名係員といっしょに出発した。各販売店では社長、車両部長（営業本部長の意味で、専務または常務取締役がその任に当たる）、それにトヨタ自販の地区担当員が出迎えた。

東京トヨペット㈱の加賀車両部長は、トヨタ車販売の十％を支えている首都圏販売店の代表にふさわしく、首都圏ユーザーの特性、激戦首都圏の販売店の苦しい立場、首都圏ユーザーを取り込めないトヨタ車への苦言など、深谷主査にとっては、なるほどと思う反面、耳の痛い話を語った。

「売れないから車名のマークⅡを変えろ、という意見もあるが、そんな必要はない。車名がどうであっても、良い車なら売れる。特にセダンが良い車種は必ず売れる。マークⅡにはもっと広い室内と高級感を持たせるべきだ」

加賀部長は最後にそう言い切った。

「大阪の新車販売はオイルショック（第一次）後に伸び悩んでいる。マークⅡのスタイルに軽快さがないこと、中古車価格が安いことが新車販売の足を引っ張っている。中古車価格が高いことは人気が高いことで、中古車を出して初めてその車の人気の高さがわかるのです」

大阪トヨペット㈱では、新車販売部門のお歴々がそろって、東京とは違う、大阪ユーザーの特性とマークⅡ販売の窮状を訴えた。

「新しいものに飛びつく、それがこの土地柄ですよ。だから、ここの売れ筋を見ておれば、他県の先行きが読める」

兵庫トヨペット㈱の社長はトヨペット店創業以来の経営者で、鋭い眼光で相手を見透かしながら、新参者にも優しく助言を与えてくれた。

広島トヨペット㈱では会長自ら説明してくれた。県下挙げて支援する地元ライバル会社に対抗しなければならない特異市場に、あたかも東西冷戦下に東側と国境を接する西側の国のような緊張感を覚えた。

「大都市とは違う九州では、現状のサイズで良い、室内広さも現状で良い。ライバル車が大きくなれば、むしろマークⅡは有利になる」

福岡トヨペット㈱の則武常務取締役は、九州地方を代表して、九州地方一円の特質とタクシー重視の必要性を指摘した後に、一行を中洲の料亭へと案内した。

札幌トヨペット㈱では鹿島専務取締役が迎えてくれた。各県一店の原則とは異なり、北海道だけは四つの地域に分けられ、四店がそれぞれの地域を受け持っていたが、札幌トヨペット㈱は北海道四店を代表して、鹿島専務取締役が北海道全般の販売状況と販売上の問題点を深谷主査に説明した。

北海道と北東北地方向けには特別に寒冷地仕様車が設定されていて、寒冷地・積雪地向け特有の、低温時始動用の大容量バッテリー、融雪塩害防止のボデー下部防錆、春先の高圧洗車に耐えるウエザーストリップなどへの改良が指摘されていた。鹿島専務取締役はこの点についても改めて要望した。

――北海道でもこの寒さだ。もし日本が先の戦争に勝っていたら今のサハリンも中国東北部も国内市場であったはずで、国内の寒冷地仕様もこんなもんじゃ済まなかったはずだ。

戦時中の少国民であった渥美主担当員はよそ事に想いを馳せていた。

「あなたが卒業された大学の同じ学部学科にいる香西教授は私の中学、高校の同級生で、親しい友人です。彼はその当時からピカイチの秀才でした」

晩餐の席で、鹿島専務取締役は渥美主担当員の恩師の昔話を聞かせてくれた。渥美主担当員は、その奇遇に驚くとともに、自分の卒業した大学、学部学科まで初対面の企業トップに調べられていることを知った。

翌日、札幌トヨペット㈱が用意してくれた車を壬生地区担当員が運転して、北へ向かった。

旭川トヨペット㈱では、社長室の壁に張ってある北海道の地図の前で、社長が、旭川以北を占める旭川トヨペット㈱の広大なテリトリーの経済圏とその特徴、そして前月の販売実績表を説明し、さらに北海道特有の寒冷地問題点を鋭く指摘した。

「融雪剤散布によるフェンダー腐食が大問題です。寒冷地向けのアンダーボデーの下塗り塗装と防錆処理をしっかりやっていただきたい」

車は層雲峡を越えて東へ抜けた。

「こんな天気の良い日は、部屋の中で会議をするよりも外に出た方が市場の実情がわかる。せっかくいらしたのだから、屈斜路湖へでもご案内しますよ」

出迎えてくれた、北見トヨペット㈱の車両部長の熊本常務取締役は、そう言って車を用意すると、一行をドライブに誘った。屈斜路湖への道すがら、熊本常務取締役は道東の市場について説明し問題点を語った。道路と町並みを見ながら説明を聞く、たしかにそれはわかりやすい解説であった。屈斜路湖近くのすし屋で昼食をご馳走になり、渥美主担当員はくじらの尾肉のにぎり鮨に北海道の味を感じた。

どの販売店の訪問も似たような手順で行われた。深谷主査の一行が販売店本社を訪れ、受付で名乗ると、受付嬢からの電話連絡を受けた社長秘書が階下に現れて一行を社長室へと案内する。社長室に入ると、社長自身が県勢地図を前に県下の二つないし四つの異なる経済圏の特徴と売れ筋車種を説明し、前月の販売実績表を説明する、そのような流れで話は始まった。どの社長室の壁にも、県勢地図と前月販売実績、セールスマンごとの販売実績一覧表が張ってあった。

「いらっしゃいませ。お待ちいたしておりました」

受付嬢の印象、応対する社員の受け答え、それらは、その後に面談する社長の印象、応対と同じであることもわかった。そもそも販売店に足を踏み入れた時の第一印象が社長の人間性から出ていることもよくわかった。

どの販売店でも、訪問を終えて販売店を辞する時、多忙なはずの社長が必ず玄関までお客を見送った。社長は、社長室の中、社長室を出た所、玄関の内側、玄関の外側、さらにお客が車に乗る時、お客の車が動き出した時、お客の車が門を曲がる時、の合計七回もお客に向かって深々とお辞儀をした。

――これが大人社会の礼儀作法なのだな。大学でも教えられなかったとはいえ、この年齢になるまで知らなかった。

技術系の渥美主担当員は、大人社会の作法を目の前にし、それまでの己れの無知を恥じた。

八月の初め、深谷主査は部下の四人を花火大会の桝席に招待した。渥美主担当員は、妻が出産を控えていたので、上の二人の子供をつれて参加した。里見担当員も妻と子供をつれて参加した。

狭い川を挟んで打ち上げられる花火が、桝席の底から突き上げるような響きと頭上に降り注ぐ火花を伴って、マークⅡ次期モデルの前途を祝福しているようであった。

秋になると、原価企画が始まった。

原価企画は、設備投資額、部品の製造原価を試算し、販売台数と販売価格を予想し、新製品の売り上げ利益率を算定し、会社がそのプロジェクトに期待する利益率が得られるようにする企画である。その企画書は原価会議に提案され、承認されれば、目標設備投資額、原価目標、目標販売台数、目標利益率として製品企画室から指示される。その指示を守るように、担当各課は開発を進め、製品企画室は開発を指揮しなければならない。そして、製品開発の途中および発売後から販売終了まで、その目標値が達成されているかどうか、達成されていなければどのような方策でいつまでに達成を目指すのかを、製品企画室主査は原価会議に定期的に報告しなければならない。

製品企画室では、主査グループによる製品企画室長または副室長への報告会が毎月一回開かれる。次の月例報告会で、深谷主査、渥美主担当員、里見担当員は、旧プロジェクトがマークⅡモデルチェンジに変更された後の自販商品計画室、国内企画部との打ち合わせ内容、設備投資の見積り状況、トヨタ車体㈱、関東自動車工業㈱への開発委託などを報告して了解を求め、当面の問題点について副室長の助言と指示を受けた。

品質保証部が、マークⅡ現行モデルの市場品質問題からまとめ上げた、「品質要望書」を製品企画室の深谷主査に提出した。現行モデルでの市場品質問題を次期モデルが繰り返さないように監視することが品質保証部の最低限の義務である、との立場から出たものである。さらに、品質保証部は、要望書の提出だけではなく、提出先の製品企画室へ自部のスタッフを主査付として送り込んできた。品質保証部スタッフを製品企画室の主査付として協力させながら、要望書の達成状況を監視し、逐一報告させるためである。

「うちからも主査付を受け入れてください。課員が少ないので常駐はできませんが」

トヨタ自販サービス部の亀山課長も若い蒲田係員をつれて訪ねてきた。その後、亀山課長は品質問題の重要な局面で製品企画室の得がたい協力者となった。

品質要望書にならって、実験部各課からも「〇〇に関する要望書」の提出があった。製品企画室の企画細部が固まる前に、そして設計部各課が設計に入る前に、基本的構造に配慮してもらうよう意見具申するのが慣例になっていた。かつては、実験部は一次試作車の完成を待って評価と対策検討に入っていたが、それでは基本構造が固まった後に対策提案をすることになり、効果的な対策も画餅に終わってしまう、という反省から生まれた手法である。

年末になると、製品企画室は、設計、実験、試作、生産技術の各部署を集めて、製品企画室の方針を説明し、各部署と情報伝達と問題解決を図る「マークⅡ次期モデル連絡会」を二ヵ月に一回のペース（開発の後半では毎月一回に変更）で開催することにして、製品開発を軌道に乗せた。

# 第二部

# 開発と目標達成

# 第3章

# 気品と優雅さを求めて

## 外形スタイルは原価によらない

マークⅡ次期モデルの外形スタイルは、昨秋、トヨタ自工とトヨタ自販とのデザイン審査で承認された、旧プロジェクトのデザインモチーフ（主題）を引き継ぐことで了解ができていた。

製品企画室の渥美主担当員の記憶には強烈な印象が残っていた。

それは、昨春、デザイン部が旧プロジェクトの外形スタイルのデザインモチーフを提案する、アイディアスケッチ（モチーフを強調したA3サイズの絵で、寸法諸元には忠実でない）検討会でのことであった。

検討会はデザイン部の北側の小部屋で開かれ、デザイン部の担当課は、A案、B案、C案と、三つの案を製品企画室に提案した。そこには、製品企画室の室長の秦野常務取締役、深谷主査、渥美主担当員、デザイン部の大森課長、担当の相良係長、それにアイディアスケッチを描いたデザイナーたちが集まり、椅子に座っていた。壁のボードに貼ったA案、B案、C案について、大森課長がそれぞれの意図と特徴、課内の評価を説明し、深谷主査が質問と意見を述べた後のことであった。

「B案こそ、気品と優雅さを備えた、まれに見る傑作だ。モチーフは、踊ってはいるが、過ぎてはいない。丸みが強いサイドラインなど、今後生産性などの観点から細部を調整するとしても、特徴が十分に残り得る。それにひきかえ、A案には開発の途中でいずれ特徴が消える、C案には高級車に見えない、などの難点がある」

そう言って、秦野室長はB案を推した。A案は直線基調の現代的スタイル、B案はサイドの曲線レリーフ（絞り形状）が特徴の優雅なスタイル、そしてC案は未来志向の安全優先を思わせるがっちりしたスタイルであった。

秦野室長は、製品企画室主査時代に多くのヒット車種を開発した実績を持つが、その後の進展が彼の予測どおりになったことによって、今なお鋭い洞察力を持っていることを示した。

アイディアスケッチの審査が終わると、レンダリングが始まった。一〇〇ミリメートル間隔の番線の入った縦壁に、幅五ミリ、七ミリの細い色テープを貼って外形線図を描きながら（テープドローイングと呼ぶ）、アイディアスケッチのモチーフ重視の形状を寸法諸元に忠実な形状に直していく。デザイン部員が、時々壁面を離れて、遠目で確かめながらテープを貼っていくやり方は、寸法を測りながらやるよりもはるかに、高精度である。テープドローイングの過程で、アイディアの小修正と細部デザインがさらに加わる。この作業をごまかさずにきちんと済ませておかないと、三次元のクレーモデル（油粘土による実物大の三次元モデルで、実車のように塗装を施しタイヤを履いている）を作る時にデザインが破綻してしまうことになる。アイディアスケッチB案を提案した、デザイン部の長浜係員がテープドローイングをしているところへ、深谷主査は足しげく通っていろいろと注文を付けた。

昨夏、デザイン審査にA案、B案、C案に基づくクレーモデルを提案したところ、デザイン細部に注文が付き確認のために再提案することにはなったものの、B案が圧倒的に支持された。その結果も秦野室長の洞察のとおりであった。

「直線基調のA案はざらにあるスタイルだ、これでは売れない」

「B案には、今までにない特徴があり、新しさ、高級感が感じられる」

「B案は、試作車になった段階でもこのクレーモデルのモチーフが保たれたままなら、絶対に売れる。フロントとサイドの意匠は変えるな」

トヨタ自販の営業担当役員が強く主張した。

深谷主査は、圧倒的な支持を喜びながらも、これらの意見に全面的賛成ではなかった。

「B案はクラシック、古いジャガーに似ている。これは借り物のデザインモチーフととられるのではないか。工販の役員が派手なサイドラインにだまされているのでなければ良いが」

デザイン部出身の深谷主査は自分が主査として担当する新型車が、外形スタイルと内装デザインで、「古い」と評価されることを危惧した。

自動車の外形スタイルは第一に世界的なデザイントレンド、第二にその国の風土、街並み、歴史文化、などから決まる、外板色は第一にその国の風土、街並み、歴史文化、第二に顧客の肌、髪、目の色、などから決まる。直線基調の外形スタイルが流行すると、それが斬新に見えて世界中の車が直線基調を採用し、直線基調が究極に達すると曲線基調が現れて、逆にそれが斬新に見える、自動車の外形スタイルは基本的にはその歴史の繰り返しである。世界のデザイントレンドを無視するのは危険が大きすぎる。その経験則からすれば、深谷主査の危惧もあながち的はずれとは言い切れなかった。B案が世界的なデザイントレンドから外れているのは確かであった。

深谷主査は、出身部署のデザイン部に繰り返し注意を喚起し、かつての部下たちにデザイントレンドも加味するように迫ったが、デザイン審査にクレーモデルを提案しあれほど高い評価を受けたB案路線を修正することも、変えるなと言われた特徴を消し去ることも、デザイン部にはとてもできないことであった。

「B案は、トヨタらしくない、世界的にも類を見ない個性と高級感が受けたのだと思います。従来の審査では他車に似ているとみなされたものはいずれも評価が低かったが、B案は評価が高く、それとは違う。借り物のモチーフとは思えません」

かつての部下であった大森課長も深谷主査にそう言い張るしかなかった。

昨秋、第二回目のデザイン審査で、第一回目の審査における意見をいれて細部修正した再提案のクレーモデルも、工販役員の圧倒的な支持を受けた。B案が正式に承認された。

マークⅡモデルチェンジへと姿を変えた新プロジェクトの開発構想では、「外形スタイル」について、

㈠　風格と美しさを備えている
㈡　小型上級車市場の中心に位置し、幅広いユーザーへ対応できる
㈢　後部座席も重視したファミリーセダンの室内パッケージを持つ
㈣　視界が良く、フェンダーの四隅が見えて運転しやすい
㈤　コンパクトかつ合理的なスペース確保をしている
㈥　バン・ワゴンへの対応が可能である

などが要求された。

このうち、後部座席も重視したファミリーセダンの室内パッケージを持つことと、バン・ワゴンへの対応が可能であることが外形スタイルの足を引っ張ることになる。旧プロジェクトにはなかった、このような要件をいれるためには、昨年好評のもとに承認された外形スタイルを、モチーフは生かすものの、ほぼ全面的にやり直す必要があった。室内パッケージ変更によって不利になった分だけ、はたしてモチーフを生かせるかどうかという疑問も残った。むしろ、昨年の審査において風格のある優雅なイメージが植え付けられているだけに、デザイン部にとってはやりにくい挑戦となった。

乗用車の室内パッケージの設計は次のように行う。

乗用車の側面図において、運転者のヒップポイント（腰部の回転中心点のことで、Hポイントと略称する）を座席上に採り、大人の体格分布の五％〜九十五％の範囲（五〜九十五パーセンタイルと呼ぶ）

の人がいっぱいに踏み込んだ右足の先にブレーキペダルを配置する（マニュアルトランスミッション車が主流の時代には、左足の先にクラッチペダルを配置する、とした）、またHポイントから上へ五～九十五パーセンタイルの人の座高を取り、その目の位置（アイポイントと呼ぶ）を決める。五～九十五パーセンタイルの人のHポイントと座高を取るため、そのアイポイントは側面図で楕円形となる。アイポイントからフード先端を見る時の邪魔にならないようにハンドル上端位置を決め、ハンドル中心の位置を決める。五～九十五パーセンタイルの人に対して十分なヘッドクリアランスを取って、ルーフ（天井）の高さとルーフサイドおよびドア上端部の構造部材（メンバーとも呼ぶ）の位置を決める。運転者のHポイントから運転席シートバック厚みと後席者の必要な脚部スペース（レグスペースと呼ぶ）を確保して、後席のHポイントを決める。後席Hポイントから十分なクッション代（シロと読む）を取って、後席シート後端位置を決める。

五～九十五パーセンタイルの体格は国によって異なるので、輸出がある場合には、仕向先の人々の五～九十五パーセンタイルを採用しなければならない。日本車で国内販売とともに仕向先アメリカを予定している場合の「五～九十五パーセンタイル」は、「日本人の五パーセンタイル～アメリカ人の九十五パーセンタイル」となる。

さらに、踏み込んだブレーキペダル位置からペダル踏み代（フミシロと読む）の余裕とダッシュサイレンサー厚さとを確保して、ダッシュボード（室内とエンジンルームとの隔壁）位置を決め、走行時にエンジンが前後左右に動いてもダッシュボードと干渉しないように十分な隙間を取って、エンジン配置位置を決める。エンジン位置はエンジンセンター（シリンダー間の中央位置）で示す。

乗用車の正面図において、乗用車の中央断面（運転者のHポイント位置の断面）を示し、運転席と助手席の乗員、それと十分なクリアランスを取って、ルーフサイドとドアの構造部材の位置を決める。正面図において、中央断面による表示方法を採るのは、自動車、電車、航空機、船舶など、乗り物の設計に共通している。


乗用車ボデー（車体）の設計は、デザイン部によるクレーモデルの作成、経営トップによるクレーモデルのデザイン審査と承認（外形デザインと内装デザインとに分けて行う）、承認されたクレーモデルの立体採寸とマイラー紙（樹脂紙）へ現尺・現寸の外形線を記入するデザイン線図の作成（当時は鉛筆描き、現在は自動製図機による）、同じマイラー紙の裏面へ現尺・現寸のボデー構造と搭載部品を記入するボデー現図の作成（当時は鉛筆描き、現在は自動製図機による）の順に進む。マイラー紙上には、デザイン外形線とボデー構造とが一体となった現図が完成する。

ボデー現図は設計確認や設計変更のたびに基準となる大事な図面（その意味で原図と呼ぶ人もいる）で、現寸図面の意味で現図（ゲンズと読む）と呼ばれる。マイラー紙を使うのは湿度による伸び縮みを避けるためである。

ボデー現図は自動車の側面、平面、正面、背面を表す四面投影図で、そこには寸法は記載されず、代わりに番線と呼ばれる一〇〇ミリメートル（以下、ミリと略称する）間隔の格子が記載されており、各部分の寸法はその番線からの距離を〇・二ミリの精度で読み取る（自動製図機による現在では〇・一ミリの精度で読み取る）。番線には自動車の長さ方向（L番線、エルバンセンと呼ぶ）、幅方向（W番線、ダブリュウバンセンと呼ぶ）、高さ方向（H番線、エッチバンセンと呼ぶ）のものがある。

長さ方向では、フロントオーバーハング（フロントアクスルより前方のボデー部分）が装飾品により変化する影響を避けて、番線の基準点をフロントアクスルセンターとし（L10と書き、エルジュウと呼ぶ）、そこから車両の後方向へ（L11, L12, …）、前方向へ（L9, L8, …）、と続く。幅方向では、番線の基準点を車両中心とし（CLと書き、センターラインと呼ぶ）、そこから車両の右方向（ライトと呼ぶ）へ（RH1, RH2, …）、左方向（レフトと呼ぶ）へ（LH1, LH2, …）、と続く。高さ方向では、タイヤの沈み量が積載量により変化する影響を避けて、番線の基準点をフロア外縁の構造部材であるサイドシル（ドアを開けた時に現れるフロア外縁のメンバー）の下面とし（H10と書き、エッチジュウと呼ぶ）、そこから車両の上方向へ（H11, H12, …）、下方向へ（H9, H8, …）、と続く。ボデーの各部品図はボデー現図から写し取って作成される。

昨年の外形スタイルB案は、長く伸びたフロントボデー（エンジンルーム部分）とリアボデー（ラゲージ部分）、小さなグリーンハウス（前後左右の窓で囲まれる車室部分）と、ダイナミックな美しさの要件を備えたスポーティカーの室内パッケージに対応するものであった。それに対し、新しい室内パッケージは、後部座席スペースを広く取り乗員五人がゆったり座れるように、また乗員のヘッドクリアランスを広く取り圧迫感を感じないように、外形形状はウインドシールドとリアガラスの傾斜を立て、サイドの窓ガラスの傾斜も立てて外側に出し、ルーフを上げて車高を高くするものであった。さらに、ボデーをできるだけ小さくした上でなるべく広いスペースを確保しようと、エンジンルームとラゲージを詰めて、フロントボデーとリアボデーを短くするものであった。

「フロントおよびリアフェンダーの四隅をドライバーが確認しやすいようにしてほしい」

製品企画室は、運転のしやすさを求め、さらに注文を付けていた。

それは、外形寸法と室内寸法との差を減らし、デザインのために自由に使える意匠代（イショウシロと読む、外形寸法と室内寸法との差）を減らすという、デザイナーにとって過酷なデザイン条件であったが、デザイン部は昨年のイメージを守るために必死に努力した。

デザイン部は初めに、昨年のサイドラインをそのままにして、その上に大きくなったグリーンハウスを乗せた。

その結果は、昨年案に比べて、

(一)　ボデーの全長に対して、グリーンハウスが大きすぎる

(二)　側面から見たフロントピラー（前席前方の柱）とリアクォーターピラー（後席後方の柱）が立ちすぎて、グリーンハウスをいっそう大きく見せる

(三)　正面から見るフロントピラーが立ちすぎて、ドア側面のボリュームが少ない

などの意匠上の問題が生じ、一気に八頭身から五頭身へ、すらりと伸びた下半身が短足へと変身した

感じとなった。

「これではだめだ。グリーンハウスとサイドのモチーフが合わない。このグリーンハウスが必要条件ならば、それに合わせてモチーフを変えてみましょう」

クレーモデル室に様子を見にきた製品企画室の深谷主査に、外形デザイン担当の大森課長が提案した。

技術部門（技術部と略称する）の建物内へは社員証だけでは入れない。技術部が発行する「技術部入場許可証」が要る。それは製品開発の機密保持のためである。デザイン部のクレーモデル室へは「技術部入場許可証」だけでは入れない。デザイン部長の許可が要る。クレーモデル室の受付で名前を書き、デザイン部長の発行する「デザイン部入場許可証」を提示する必要がある。製品企画室へは主査用と主査付用の「デザイン部入場許可証」が発行されていた。

深谷主査も大森課長の提案に同意し、クレーモデルのベルトライン（フロント、リア、ドアのそれぞれの窓下からフェンダーへと続く曲線）より下のボデーラインを改造することにした。数週間を経てできあがったクレーモデルは昨年のＢ案とは似ても似つかぬものであった。Ｂ案の持っていた気品、優雅さ、高級感がどこにも見あたらなかった。ここまで来て、好評であった昨年のＢ案のイメージをどうすれば再現できるのか、デザイン部にはわからなくなってしまった。

「こうなった以上、マークⅡ次期モデルの室内パッケージも外形寸法もいったん棚上げして、とりあえず昨年のB案モデルの室内パッケージと寸法に戻して、昨年のB案クレーモデルをもう一度作り、そのイメージを記憶に焼き付け、引き継ぐべきモチーフと細部の面処理を確認し直すしかないですね」

いつもは快活に笑いとばす大森課長も、初めて迷いを顔に表し、苦しげに声をひそめた。

「自動車の商品価値では、外形スタイルからくる美的、心理的な価値が性能や販売価格以上に重要です。しかも、外形スタイルが良くても悪くても、ボデー外板成形のプレス型費は同額ですよ。外形スタイルは原価アップゼロで実現できる大きな価値なのだから、何回やり直しても良い、徹底的にやりましょう」

製品企画室で原価管理も担当する渥美主担当員は、そう言って、大森課長に加勢した。

けっして提案モデルとはならないはずのクレーモデルをクレーモデル室の総力を挙げてわずか一ヵ月で作った。オイルショックのために多くのプロジェクトが中止になり、今、クレーモデル室の定盤の上で油粘土を盛られている台車はマークⅡ次期モデルの台車しかない。モデラー（クレーモデル製作者）はマークⅡ次期モデルのクレーモデルの周りによってたかって、小さな腰掛に腰をおろし、ステンレス製のへらを面直に当ててモデルの面を削っていく。デザイン部の相良係長、それにアイディアスケッチを描いた長浜係員がクレーモデルの脇に立ってモデラーに次々と指示を与えている。部屋の中には油粘土の油の匂いが充満していた。

――B案クレーモデルの踊っているレリーフを修正し、少しでも新しいスタイルに近づけたい。

製品企画室の深谷主査はクレーモデル室に入り浸っていた。

「困った。大森君も相良君も言うことを聞かん」

夕方、深谷主査が席に戻って愚痴をこぼした。渥美主担当員も、会議の合間にクレーモデル室に駆けつけては、クレーモデルを遠巻きにまわりながら、どの角度から見ても線、面にゆがみがないかどうかを調べ、相良係長へ注文を付けていた。

昨年のB案クレーモデルができあがって、デザイナーが今まで忘れていたイメージ、曲線や面処理を思い出し、残すべきモチーフと曲線や面処理、変えなければならない曲線と面処理に気づいた。

デザイン部は、相良係長を先頭に、こんどはマークⅡ次期モデル用グリーンハウスを採用したクレーモデルに残すべきモチーフ、サイドラインなどの曲線、面処理を当てはめていった。その結果、サイドラインこそ昨年のB案モデルほどシャープには感じられなかったものの、明らかにB案モデルのモチーフを持った、そのイメージを残したクレーモデルが姿を現した。

「運転しやすいように広い視界とする、すなわちウインドシールド、リアウインド、サイドウインドのガラスを大きくする」

開発構想に掲げるその方針に基づきベルトラインを十五ミリ下げたため、大きくなったグリーンハウスの印象も多少緩和されたような気がした。

成功であった。

自信を取り戻したデザイン部は残された細部の面処理を、ああでもないこうでもないと、変えては戻し、戻しては変えて、試みた。そのたびに深谷主査と渥美主担当員はデザイン部内の検討会に呼ばれた。製品企画室長への報告でも、秦野常務取締役が一方ならぬ関心を示し、時にはクレーモデル室にも足を運んだ。

何度も何度もクレーモデルを作り直すことは、オイルショック前のプロジェクトがめじろ押しの時代には考えられなかった。オイルショックによってわずかに残ったマークⅡ次期モデルプロジェクトだからできたことであった。

暑い夏のさなかに、デザイン部検討会、技術部検討会を経て、比較のために作成したA案、C案とともに、今回も本命とするB案がデザイン審査へ提案された。深谷主査の開発構想説明とそれに続く山科デザイン部長の提案理由説明があり、その後に工販役員が三案の周りを見てまわる。その間にも、工販の各部署が担当役員の後をついてまわって意見具申に怠りない。小一時間の検討の後に、製品企画室長の秦野常務取締役が工販役員の意見を集約する。

マークⅡ次期モデルの室内パッケージ採用のために寸法と面処理が昨年案と異なったものの、今回も前年に増して高い評価を得て「デザイン方向はB案」が承認された。なお、さらに慎重に比較確認するためとの理由で、A、B、C案とも、細部を修正の上、再度提案することとなった。

「そうは言っても、もはやB案本命はゆるぎないのだから、戦力を分散せず、B案のリファインに集中するように」

会議の後に、秦野常務取締役が深谷主査に助言した。

B案が承認される見通しとなったのを受けて、製品企画室はB案についての生産性検討会を開くことにした。自動車の外形は外板（ガイハンと読む）と呼ばれる鋼板のプレス品で組み立てる。外板は〇・

八ミリ程度と薄く、また速いプレス速度で大量生産される。板厚が薄くプレス速度が速いと、プレス加工の時に割れやすく、外板の絞りがきつい所はプレス加工できないこともある。そのプレス加工性と生産性を向上させるためには部分的に外形形状を変更する必要があり、その形状変更がクレーモデルの印象に影響することもある。そのため最終クレーモデル製作の前に必要な修正を確認し合うのがこの生産性検討会の目的である。

製品企画室の呼びかけに応じて、ボデー設計課、生産技術部のプレス、成形、組立の各技術課、それにデザイン部の代表が集まった。クレーモデルの外形形状と見切り線（隣の外板部品との境界線）の位置を確かめた後で、各課から注文と修正提案が次々と出された。

「これではフード後端のヘミング（折り曲げ）ができない。レリーフに近すぎてプレスが難しいので、ラゲージドア（ラゲージのふた）の左右の見切り線をもっと外側へ出してほしい。フロント部分とリアクォーター部分の十箇所のＲ（曲げ部の曲率半径、アールと読む）を大きくしてほしい」

プレス技術課がデザイン部に注文を付けた。

「フードはリアヒンジ（フード後端にヒンジをおく形式）にしてほしい。リアウインド周りのモール（ステンレスの飾り）の合い（合い具合）が悪そうだ」

組立技術課がデザイン部に注文を付けた。

「フロントバンパーはサイドで見切りたい（生産性向上のために二分割化したいが、目立たないように側面部分で分割したい）」

ボデー設計課が成形技術課に注文を付けた。

どこをどのように修正するかを製品企画室が確認し、デザイン部、ボデー設計課、プレス成形、組立の各技術課も了承して検討会を終えた。

先回のデザイン審査の付帯意見と生産性検討会による修正意見をいれて、三ヵ月後に再提案されたB案クレーモデルは今回のデザイン審査で最終的に承認された。それを受けて、さらに二ヵ月後には室内デザイン提案と内装モックアップ（実物大の模型）展示をすることにし、その時にも内装モックアップとの相性を確認するためにもう一度B案クレーモデルを展示することになった。

デザイン審査も終わり役員が退場すると、製品企画室の渥美主担当員、国内企画部の黒崎課長、自販商品計画室の生駒課長がトヨタ自工の部長たちに電話で連絡をとり、展示されているクレーモデルB案を評価してくれるように頼んだ。そして三人は、部長たちが展示場に現れ、初めてB案を見た時の様子を観察し、B案を見終わった後の感想を聞いてまわった。彼らをこのB案モデルの購入者層と見立てて、購入者層の評価を確かめてみたかったからである。その結果は、デザイン審査の評価を裏付けるものであった。

製品企画室の深谷主査はデザイン提案が圧倒的な高評価を得たことを心から喜び、製品開発の第一の関門を越えたことに安堵した。

――このB案をヒット商品にしてみせる。

そう思うと急に、渥美主担当員には、B案クレーモデルが神々しく、自信に満ちた姿に見えてきた。

彼は人が去った展示場の中に残されたＢ案クレーモデルに近づき、そのラゲージドアの傾斜面をなでてやった。

旧室内パッケージのＢ案から始まって、新室内パッケージのＢ案、再び旧パッケージに戻って確認し直し、改めて新パッケージのＢ案と、作り続けた。いつもはせいぜい二、三回しか作らないものなのに、合計十一回もクレーモデルを作り上げた。皆が精魂込めて削り上げたクレーモデルには、皆の汗と思いがその分だけよけいに摺り込まれているはずであった。

「主査、デザイン線図が完成しましたので、サインをお願いします」

一ヵ月後の夕方、デザイン部が呼びにきて、現図室へと案内した。製品企画室の深谷主査のうしろに、渥美主担当員、里見担当員が続いた。

現図室の奥の方の現図台を囲んで、白いトレーニングズボンをはいたデザイン部員が立っていた。深谷主査が到着すると、大森課長は威儀を正して現図台の上の描き上げたばかりのマークⅡ次期モデルの外形線図の概略を型どおりに説明した。深谷主査も渥美主担当員もすでに十分わかっていることではあったが、製品企画室のサインを受ける時の儀式である、大森課長の説明をじっと聞いていた。

「それでは、主査、サインをお願いします」

最後に大森課長が言った。

現尺で描かれたデザイン線図の右下のサイン欄にはすでにデザイン部長までのサインがあり、製品企

①フロントバンパー
②ラジエーターグリル
③ヘッドランプ
④フード
⑤フロントフェンダー
⑥ウインドシールド
⑦インストルメントパネル
⑧ルーフ

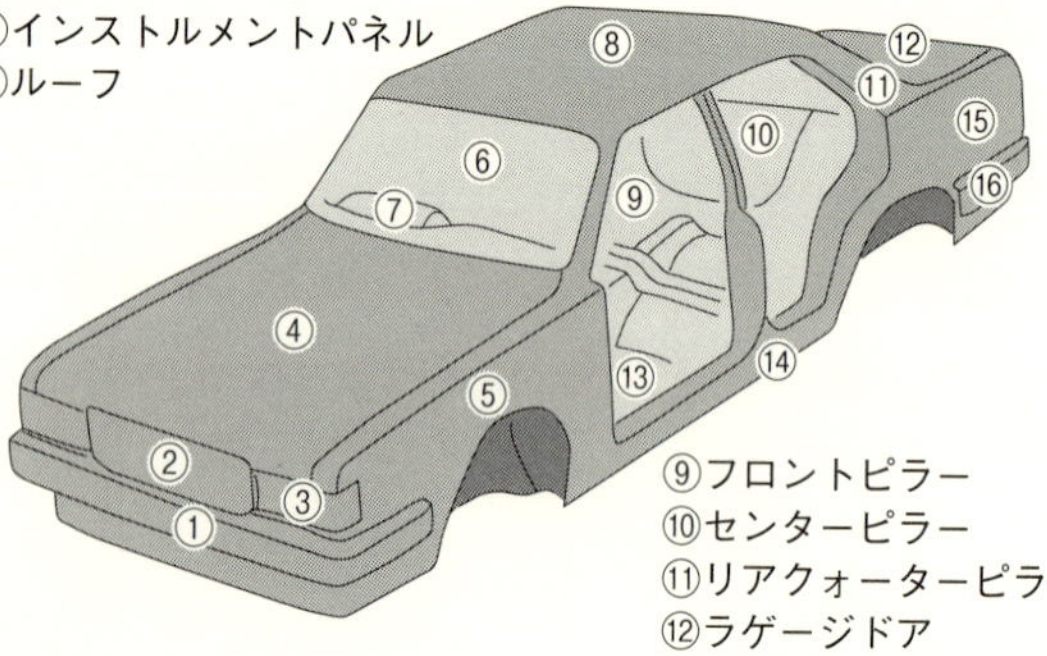

⑨フロントピラー
⑩センターピラー
⑪リアクォーターピラー
⑫ラゲージドア
⑬フロントフロア
⑭サイドシル
⑮リアフェンダー
⑯リアバンパー

画室の主査欄と主査付欄だけが空欄となっていた。初めに主査付欄の端に里見担当員が、次いでその脇に渥美主担当員がサインし、主査欄に深谷主査がサインをして、サイン会は終わった。

# 第4章 欧州車を超えよう

## 性能ごとにライバルがいる

マークⅡ次期モデルの搭載エンジンは、六気筒のMエンジンおよびM－Eエンジン（どちらも二〇〇〇cc）と4Mエンジン（二四〇〇cc）、それに四気筒エンジン（二〇〇〇cc）とした。小型上級車としては静粛性に優れた直列六気筒のMエンジンまたはM－Eエンジンを主力としたいが、直列六気筒エンジンは重く、燃料消費率が大きい（燃費が悪い）。しかも、M系エンジンは、改良を重ねたとはいえ、旧式のエンジンで、耐久性はあるが軽快な吹き上がりと加速性に乏しい。小型上級車でも、高級グレード車を買う顧客は直列六気筒エンジンでなければ満足しないが、量販グレード車を買う顧客は直列六気筒エンジンにこだわらない。そこで、マークⅡ次期モデルでは、高級グレード車にはMエンジンまたはM－Eエンジンを搭載し、量販グレード車には、静粛性には難があるが、廉価で吹き上がりと燃費の良い四気筒エンジンを搭載することにしたのである。

搭載エンジンはどれも昭和五十一年度排出ガス規制に適合するものでなければならなかったが、トヨタ自工は、そしてライバル各社も、その規制に適合できる浄化装置を実現していなかった。しかも、ただ昭和五十一年度排出ガス規制に合格すれば良いというのではなく、その浄化装置を搭載して、実用に耐える十分な加速性、燃料消費率、そしてドライバビリティ（運転応答性の意味、走りやすさ）を持つ車に仕上げなければ、売れる商品にはならないことを覚悟しなければならなかった。酸化触媒装置や排出ガス再循環装置（ＥＧＲ）などの浄化装置は、加速性を大幅に悪化させ、燃料消費率を上げ、そしてドライバビリティをどうしようもないレベルに落とす危険をはらんでいた。

ボデー、エンジン、足回り（サスペンション、ブレーキ、ホイール、タイヤなどの懸架系と操舵系の総称）、ドライブトレイン（トランスミッション、プロペラシャフト、ディファレンシャルギア、ドライブシャフトなどの駆動系の総称）、排気系、燃料タンク、積載荷物、それに乗車定員をそれぞれ側面図内に配置して、その総荷重を前輪中心（フロントアクスルセンター、ＦＡＣと略記する）と後輪中心（リアアクスルセンター、ＲＡＣと略記する）とに配分した重量をフロント分担荷重およびリア分担荷重と呼ぶ。

自動車の運動性能はこのフロント分担荷重とリア分担荷重との分担比率に大きく依存する。走行安定性や操縦性能などの運動性能のためには、フロント分担荷重を五十〜五十五％、リア分担荷重を五十〜四十五％とすることが望ましい。フロント分担荷重がそれを上まわると、操舵が重く操縦性が悪くなり、路面からのハンドルショックが大きいなど、優れた操縦性と乗心地とを得ることが難しくなる。

――フロント分担荷重の大きい車はどれもハンドルが重い、ハンドルショックが大きい、乗心地が悪い。高速安定性が良いといっても、ほかの犠牲が大きすぎる。操縦性、乗心地を良くするには製品企画においてフロント分担荷重を抑えないかぎり無理だ。

渥美主担当員はそう思っていた。

「欧州車を超える走りにするには、まず基本の分担荷重から見直しましょう。理想的なフロント五十％リア五十％は無理としても、せめて、フロント分担荷重を五十五％以下には抑えましょう」

製品企画室内の議論で、渥美主担当員の主張に深谷主査も里見担当員も賛成した。

そのため、直列六気筒の重いＭエンジンを搭載してもフロント分担荷重が五十五％以内に収まるように、製品企画室が描いたマークⅡ次期モデルの車両計画図では、フロントアクスル中心を旧プロジェクトの車両計画図より二十ミリだけ車両前方へ出し、ホイールベース（前輪～後輪の距離、軸距とも呼ぶ）を二六四五ミリに伸ばした。それにより、フロント分担荷重が約一％減少したが、その分フロントボデーが長くなり、フロントアクスル中心とフロントピラーの間隔が間延びした感じとなった。

トランスミッション（変速機）は、マニュアル式が四速フロアシフト、五速フロアシフト、三速コラムシフト、オートマチック式が三速フロアシフト、三速コラムシフトとした。

ステアリングシステム（操舵系）は信頼性の観点からリサーキュレーティングボール式とし、パワーステアリングの油圧カーブを改良して据え切り操舵力（車両停止状態での操舵力）を二十％軽減した。

「切れの良い操舵には、慣性モーメントの小さいステアリングホイールが不可欠だ」

深谷主査と里見担当員の主張に渥美主担当員も賛成し、大直径で太めの握りという流行に逆らって、小直径で細めの握り、さらに親指を添える窪み付きのキャストウッド（天然木片を固めたもの）製のステアリングホイールを採用した。

フロントサスペンションは、振動騒音の低減のために、トレーリング式マックファーソンストラットとなった。その主張は、渥美主担当員が振動実験課から製品企画室へ移る前に、振動実験課の総力を挙げて行った振動設計の結論の一つであった。

マックファーソンストラットは、コイルスプリングとアブソーバーを上下に配置した形の部品点数の少ないサスペンションで、フロントフェンダーエプロンに取り付けられ、ホイールが上下に大きく動いても、タイヤの接地面が車両幅方向にあまり変化しないという長所を持っている。

トレーリング式とは、マックファーソンストラットの下端を支えるロアアームが車両の前方から後方へ向かって突き出ている形式をいう。トレーリング式ロアアームでは、タイヤが路面凹凸を拾った時にロアアームが上下に揺れて逃げる動きをするため、路面凹凸からのショックや振動を強く受けにくい。これに対し、ロアアームが車両の後方から前方へ突き出ているリーディング式では、路面凹凸からのショックや振動を受けやすい。ライバルはリーディング式ロアアームを採用していた。

「良い車を安く供給して社会の幸せに貢献する主査になりたい」

そう考えて、渥美はトヨタ自工に入社した。

入社してボデー設計課に配属になった頃、ボデー設計の主題は強度問題であった。市場で遭遇する負荷よりも過大な負荷を与え、短期間で結果を出す促進試験である、耐久走行試験を続けると試作車には亀裂が多発した。

「強度問題はどんな構造物にもつきまとう一次的主題である。立派な先輩たちがいずれそれに片を付けるはずだ。その先輩たちを追っかけるよりも、私は一次的主題が片付いた後の次の主題について今から取り組んでおこう。次の主題、それは快適性を決めるボデー振動だ」

考えたあげく、渥美はそこに思い至った。

「そのことを八代部長に話したらどうだ？　部長はきっとわかってくれるよ。どうだ、こんどの日曜日にぼくのオートバイで行こう」

日曜日の朝、独身寮の洗濯場で、渥美の話を聞いて共感した先輩が渥美をさそった。

独身寮の誰も自家用車を持っていなかった。会社の部長クラスもまだ自家用車を持っていなかった。自動車会社で設計を担当する渥美たちも、お客様のための車の設計をしている気分でいて、将来自家用車を持つ身になるなどとは考えてもいなかった。

次の日曜日の朝、先輩はオートバイの荷台に渥美を乗せて、未舗装の堤防道路を土ぼこりにまみれながら走り、隣市に住む八代部長のお宅を訪ねた。

八代部長はまだ朝食中で、自分のために焼いていたトーストを渥美たちにも勧めた。

「ボデーの強度問題は、なるほど焦眉の急ですが、立派な先輩たちがきっと解決します。そしてその後に必ず振動が主要問題となります。ボデー設計課は今からボデーの振動問題をやっておく必要があると思います」

物怖じしない新入社員であった渥美は生意気にもそう主張した。

「なるほどそうかも知れん。振動を今からやっておく必要がある、か」

トーストをかじりながら静かに渥美の話を聞いていた八代部長は、それ以上は答えずに、独身寮の様子などをいろいろと質問した。数日たった夜、帰宅途中に独身寮に立ち寄り、寮生の様子を見てまわる八代部長の姿があった。

「振動実験課を新設した。その振動実験課へ異動を命ずる。ボデー振動解析を五年で成し遂げて、再び設計に戻ってこい」

渥美は八代部長に突然呼び出され、そう告げられた。あれから三年たって、誰もが忘れかけていた時であった。

渥美は、それから五年間、乗用車の振動騒音の実験・対策を担当するかたわら、大型コンピューターを使って乗用車ボデーの弾性振動の解析を手がけた。デジタルコンピューターが企業に普及し始めて間もない昭和四十年代初めで、十メートル四方の部屋を占めるほどの真空管式の国産大型コンピューターは、一晩に二ケースの計算しかこなせない能力で、おまけに発熱量が多いため、夜中によくダウンした。

「トヨタもきつい会社ですが、お宅の会社も負けず劣らずきついですね」

どんな夜中でも、ダウンから三十分後には駆けつけて修理してくれる国産コンピューターメーカーのサービスマンに渥美は感心した。しかし、その会社が将来ＩＢＭを敵にまわして健闘することになるとは渥美にも想像できなかった。

世に出て間もないインスタントラーメンをすすりながら徹夜を重ねて半年、もうだめだと投げ出す瀬戸際まで行くこと三度、それらを乗り越えてやっと遠くにゴールの光が見えたと思った時、渥美は疲労と安堵から倒れた。乗用車ボデーの弾性振動解析をほかにさきがけて成し遂げた瞬間であった。その解析手法を用いて、設計段階で乗用車ボデーの振動特性を予測し改良する振動設計法も考案した。

「よくやってくれました。いつかは、誰かがこのような解析法を考案してくれるに違いない、と待っていました」

渥美がその成果を学会で発表した時、自動車メーカー他社の技術者たちが渥美をとり囲んでそう言った。

――やっと八代部長への約束を果たせた。

との安堵感が渥美の脳裏をよぎった。

「不可能に見えるけれど、ひょっとすると可能かもしれない。やってみよう」

三十代前半でいわば前人未踏の地を踏破した経験が渥美に勘と勇気を与えてくれた。

渥美は、振動実験課の上司から論理的思考を徹底的に仕込まれた。初めの頃、上司から論理的な議論を半日間ふっかけられると頭ががんがんと痛くなった。

「設計では頭（論理）よりも腹（勘と決断力）で仕事をする」

ボデー設計課でその癖が染みついていたことを渥美は痛感した。

「実際の設計問題は、力学系、環境条件、負荷が複雑すぎて、簡単な仮定のもとに成り立つ工学理論では解決できないが、工学理論の根底にある論理に頼れば、勘に頼るより、トラブルの少ない解決策を得やすい」

しばらくすると、渥美はそう悟るようになった。

「車両の振動騒音を良くしようと思ったら、試作車が完成してから手を打つのではなく、基本計画を行う製品企画段階で勝負をしなければならない」

渥美は製品開発の振動騒音対策についてそう感じ、「振動設計」を提唱し、「振動騒音に関する要望書」を製品企画室へ提出した。

リアサスペンションには、高級グレード車向けとスポーツグレード車向けに、トヨタ自工としては初めての量産向けとなる、セミトレーリング式後輪独立懸架が採用された。それとは別に、量販グレード車向けには、4リンク（フォーリンクと呼ぶ）式後輪懸架も採用された。トヨタ自工初の量産向け後輪独立懸架は、ボデーフロアメンバーにゴムマウントを介して取り付けられたサスペンションメンバーから左右二本のトレーリングアームを張り出した構造となっている。

一般に後輪独立懸架は、左右の車輪が独立に上下に運動できて、ばね下重量（サスペンションばね下

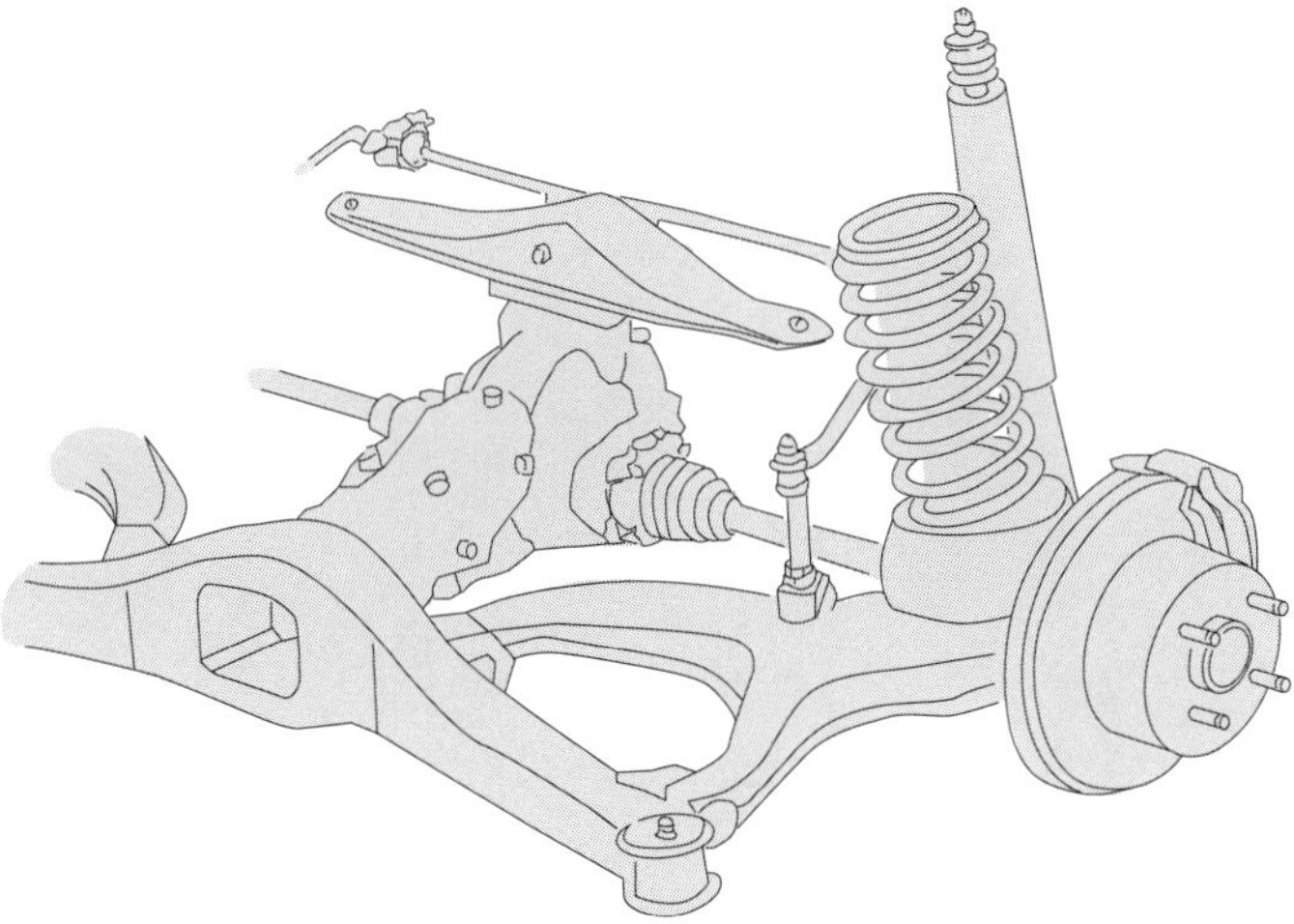

セミトレーリング式後輪独立懸架

の上下運動部分の重量）が小さいため路面凹凸に容易に追随できるもので、広く用いられている４リンク式にくらべて、走行時の接地性が格段に良い。ばね下接地性が良いのでタイヤの路面グリップ力が大きく、操縦性、制動性に優れ、後輪駆動式では駆動性も高い。ばね下重量が小さく路面凹凸に容易に追随できるので、ばね下重量の上下運動によるボデーへの衝撃伝達も小さく、振動・乗心地も良い。欠点は、重量が大きく、等速ジョイントの必要性など、製造原価が高いことである。

セミトレーリング式後輪独立懸架のサスペンションメンバーはボデーフロアとほぼ一体で動くが、ホイールとタイヤはそれとは別に上下運動するから、サスペンションメンバーに固定されているディファレンシャルギアとホイールをつなぐドライブシャフト（駆動力を左右の車輪に伝達する回転シャフト）には、大きな角度が付いても伝達トルクの変動分が大きくならないように、等速性を持つジョイント（等速ジョイントと呼ぶ）を用いなければならない。ジョイントの等速性がないと回転三次成分の振動が発生するからである。

等速ジョイントの候補として、ダブルカルダン、トリポート、バーフィールドの三種類があった。ダブルカルダンは二個のフックスジョイントをつらねたもので等速性こそ低いが廉価である（ライバルが採用していた）、トリポートは擬似等速性を持ち社内製造（内製と呼ぶ）が可能であるが使用実績が少ない、バーフィールドは理論的にも証明された優れた等速性を持つが高価でしかも内製が不可能である。

振動実験課は、三種類の試作品による実験の結果から、ダブルカルダンは非等速性に伴う振動が大きい、トリポートも等速性に乏しく振動が残る、バーフィールドだけが振動騒音の品質を保証できる、と主張した。シャシー設計課と生産技術部がトリポートを強力に推した。

「ダブルカルダン使用の場合には、バーフィールド使用の場合に比べて、車両の振動で十〜十五デシベル、こもり音で五〜十デシベル高くなります。これではとても開発目標の騒音レベルを守れません」

振動実験課が主張した。

「ダブルカルダンには等速性がないからだめと言うなら、なぜライバルがダブルカルダンを使えるのだ」

「ライバルのダブルカルダンには絶対に問題がありますよ」

「本当にそうかどうか、ライバルの販売店を調べてみたらどうか」

「ライバルの販売店は、トラブル実績も不満も特にない、と言っています。しかも、ダブルカルダンの使用拡大も図っているくらいで…」

「そうだろう。しかし、たとえダブルカルダンがだめとしても、トリポートを使えるじゃないか。トリポートは擬似等速性といっても実用上問題ない品質で昔から使用実績もあり、しかも内製可能だ。バーフィールドは、ライセンスの関係で国内メーカーが決まっていて、内製は不可能、製造原価は高い」

トリポート支持派は反論した。

「振動実験課の検討によれば、トリポートにも回転三次の振動があり、バーフィールドに比べると、振動で十～十二デシベル、こもり音で三～五デシベル高くなります。これは、試作初期の現段階ではそれほど問題ないように見えますが、開発が進みほかの問題が対策されると主要な問題として残りそうです。バーフィールドではこのような問題はありません。この際、バーフィールドで行かせてください」

振動実験課があくまでも食いさがった。

こもり音が三デシベル以上高くなると一般の人でもわかるが、振動実験課のプロならこもり音差二デシベル、周波数差五十ヘルツを聴き分ける。製品企画室が性能比較用にと購入した欧州車は、バーフィールドで、回転三次の振動は皆無であった。

バーフィールド派とトリポート派を相互に納得させるために、シャシー部門担当の浅間取締役を座長とする等速ジョイント検討会を毎月一回開催することにした。マークⅡ次期モデル担当の製品企画室でシャシーを担当する里見担当員がそれを主催することになったが、振動騒音に詳しいという理由で、渥美主担当員も毎回出席するように頼まれた。

「開発がここまで進んでいるのに、これ以上足踏みするのは時間の浪費だと思いますけどね」

里見担当員は迷惑顔で渥美主担当員に愚痴を言った。真面目で合理性を重んじる里見担当員には無駄な付き合いに見えた。渥美主担当員は、結論の予想はついていたが、技術部と生産技術部に納得してもらうためのやむを得ない時間と理解していた。

「バーフィールドを受け入れてもらうまで、ここは一歩も引けませんよ。わかってくれるでしょう、渥美さん」

渥美主担当員のかつての部下であった振動実験課の福山係長は、そう言って理解を求めた。

振動実験課の努力とシャシー設計課を初めとする各部署の協力によって、試作開発が進むにつれ、予期しなかったこともわかってきた。

「トリポートの回転三次成分は摩擦によるものである。この点において、トリポートは明らかにバーフィールドに劣る。ただし、バーフィールドでもボールとヨークの隙間を詰めないと開発目標レベルには達しない」

迷惑なはずの一年間の足踏みが、当初予想もしなかった、貴重な真実を教えてくれた。

振動対策品が取り付けられるたびに、試作車の試乗会を重ねた。

「やっぱり後輪独立懸架車は違う。特に不整路面を走る時、リアフロア下で感じる後輪の踊り具合と操舵時の後輪のグリップ具合が違う」

試乗するたびに、検討会のメンバーはそう感じた。

工業製品は試作図→試作品→生産品と進むにつれ品質も向上する。試作、生産試作と進むにつれ、その評価もしだいに高まり、生産・販売された市販車では皆が実感できるようになった。

「バーフィールドを採用する。品質が安定するまでは、ボールとヨークの隙間を選択嵌合（大きめの穴には大きめの軸、小さめの穴には小さめの軸を組み合わせる）により管理する」

一年間、数々の疑問に対して、振動実験課が根気よく実験結果を示し、検討会の面々を説得した結果、皆が納得して同じ結論に達した。

ラインオフと発売を五ヵ月後に控えた時期に、重点部品の工程調査が実施された。生産開始に向けて、品質上や生産上の問題が生じては困る重点部品に絞って、製品企画室、生産管理部、購買部が部品生産工場を訪問し、設計対応、生産工程・生産体制、品質保証体制をチェックし、問題点を指摘し、必要な対策を促す、というものである。

製品企画室の渥美主担当員はバーフィールドジョイントの生産工場を特に重点的に視察した。品質管理体制だけでなく、生産工程と生産性を丹念に見てまわり、部品メーカーに注文を付けた。バーフィールドジョイントは製造原価が高い上に、生産量の少ない生産初期には原価目標未達が予想されていたからである。

それから半年後、三代目マークⅡの発売直後に、トヨタ自工とともにバーフィールドの製品化に努力し、製造、納入している部品メーカーの営業担当者が製品企画室の渥美主担当員のところへ挨拶と報告に現れた。

「ライバルがさっそくわが社のバーフィールドジョイントを買いに来ましたが、これはトヨタさんとの共同開発ですから、とお断りしました。われわれはバーフィールドに関して長年の実績を持っていると自負していましたが、こんどの開発で、厳しい品質目標を達成するやり方を教えてもらいました」

「やっぱり、ライバルのダブルカルダンには問題があったのですね」

渥美主担当員は、自分にも言い聞かせるように、そう答えた。

マークⅡ次期モデルのブレーキは、前輪は全車ともディスクブレーキ、後輪は独立懸架用がディスクブレーキ、4リンク用がドラムブレーキであった。

当時の日本車のブレーキは「かっくんブレーキ」と蔑称されていた。トヨタ車のブレーキも日本車を絵に描いたような代物であった。ブレーキペダルをわずかに踏んだだけで「かっくん」と底づきするが、ペダルの踏み代がなくなっただけで車は完全には停止せず、ブレーキペダルをいくら踏んでもそれ以上は効かず、最後の詰めの部分が残る。実際は効かないのに「かっくん」と効く感じのするブレーキを、自嘲気味に、制動技術者はそう呼んだ。

かっくんブレーキの責任は必ずしも制動技術者のせいばかりではない。一般のユーザー、特にタクシー運転手は、ブレーキフィーリングの点から、ブレーキ効きの改良には常に抵抗勢力となってきたからである。

「効きすぎて怖い。前のままが良い」

国内のブレーキ改良には、いつもそういう抵抗があった。

それに対して、当時の欧州車のブレーキは、軽く踏めば軽く制動し、最後まで踏めば完全に止まる、効き始めから効き終わりまで踏み代に対し直線的に効く、というものであった。

欧州車のこのブレーキフィーリングを海外企画部が熱っぽく語り、技術部もその実現を夢としていた。製品企画室は、欧州車の中でも傑出している一車種を「ブレーキ性能上のライバル」として選び、そのブレーキフィーリングを真似た。

マークⅡ次期モデル（後輪独立懸架車のみ）のブレーキシステムではまずブースターをこのクラスでは例をみない九インチにサイズアップし、ブレーキ踏力のアシスト力に余力を持たせた。ブレーキブースターはエンジン負圧を引き込み、負圧と大気圧との差圧を用いて運転者のブレーキ踏力を倍力する機構である。さらに、ブレーキペダルの剛性を上げ、ブレーキ踏力がブレーキペダルの変形で吸収されないように、正しくブレーキオイルへの加圧力となるようにした。試作ブレーキのテストを重ねながら、ライバルのブレーキフィーリングに合わせるように、ブレーキ油圧カーブを改良していった。

そのブレーキ油圧カーブを制動設計に生かしたマークⅡ次期モデルのブレーキフィーリングは、ブレーキペダルを軽く踏むとすぐ制動力の働くのがわかる、さらに踏み込むと踏み代に応じて制動力が強くなり車が減速する、ほとんど停止した後も踏み代が残っている、という感じに仕上がった。

製品企画室は比較検討のために国内、海外のメーカーの優れたライバル車を数多く購入する。特にライバルと目される車がモデルチェンジするたびに、新モデルを二台購入し、一台は試乗検討に、もう一台はすぐに分解展示して部品一品一品の原価、重量、設計法、製造法について比較検討をする。

マークⅡ次期モデル開発のプロジェクトでは二十台を超えるライバル車両を購入した。その中でも、種々の性能面でライバル視し参考にした二車種（欧州車と国産車）については、試乗検討車を乗りつぶし、さらに各一台を追加購入するほどであった。

# 第5章 今こそ挑戦、知恵は尽きない

## 画期的な新技術を次々と

マークⅡ次期モデルの外形スタイルは、ハードトップ的モチーフのB案から生まれたこともあり、リアクォーターピラーとリアウインドの傾斜角（垂直軸からの傾斜角で表現する）が大きかった。傾斜角が大きいと、リアウインドガラス上に雨滴が粒々のまま溜まりやすくなる。

「ハードトップとセダンにもリアワイパーを付けたら、後方視界が良くなるんじゃないか」

深谷主査が突然に提案した。これまで、リアワイパーはバン・ワゴンなどの商用車用のものというイメージが強く、セダン・ハードトップ用に考えられたことはなかった。

「主査が突拍子もないことを言い出した。商用車用のリアワイパーを付けたセダンやハードトップで結婚式や葬式に行けるものか」

皆がそう思い、反対した。主査付である渥美主担当員や里見担当員でさえそう思った。

「主査、リアワイパーなんか付けたら、スタイリッシュなリアクォーターとリアウインドの傾斜ラインが台無しになってしまいます」

デザイン部が思いとどまらせようとした。

「リアワイパーを付けたら、そのウォッシャータンクをラゲージ内に設置することになる。もしウォッシャー液が漏れてラゲージ内を汚したら、その責任まで取らされる」

ワイパー担当の艤装設計課も反対した。

「後方視界を良くするためにリアワイパーが必要なんだ。必要なものなら、傾斜ラインを台無しにしないリアワイパーを考えることがデザイン部の仕事ではないのか」

深谷主査の反論には、できないとは言わせないぞという、重みがあった。

新提案にはまず反対する、不可能だと言う、工学理論を駆使して不可能の根拠を示す。その後にこうすればできるじゃないかと、根拠の不備を指摘されて初めて可能にする方策を考え始める。技術者にはそういう傾向がある。セダン・ハードトップ用リアワイパーもその過程を経て、デザインと設計が始まった。

リアワイパーのピボット（回転中心）を車両中央に置くと、ワイパーブレードの長さがガラスの高さで抑えられ、幅方向両隅に拭き残しができる、車両中央から左にずらすとワイパーブレードが長くなるが左下隅に拭き残しができる、車両中央から右にずらすとワイパーブレードが長くなるが右下隅に拭き残しができる。

「右ハンドル車では、運転者が振り向く時の視界が左下隅だから、左下隅に拭き残しのない右側ピボットを採ろう」

議論のすえ、最高級グレードへのリアワイパーの採用とその設計が決まった。

室内の天井を覆う内装材はルーフライニングと呼ばれる。かつては布材を袋状に縫製しその中に細い棒材を通して取り付ける方式（吊り天井と俗称する）であったが、組み立て作業性の良さから一体成形トリム（成形天井と俗称する）が流行していた。深谷主査は、自他ともに許す内装品の専門家であったので、一時は、最新の成形天井を採用したいと考えていた。ところが、ルーフライニングメーカーを訪問してから、成形天井の仕上がりが今ひとつ良くないと知って、その考えを改めていた。

「ルーフライニングは吊り天井で行きましょう。その方が吸音性は高いし、軽くて安い。ルーフライニングの塩ビ（塩化ビニール）シートを穴あきシートに替えれば、吸音性はさらに上がります」

深谷主査の迷いを感じて、渥美主担当員は深谷主査へそう進言した。渥美主担当員は、ルーフパネルとルーフライニングとの間に吸音材（サイレンサーと呼ぶ）を挟んだ吊り天井の方が成形天井より吸音性能が高い、と考えていた。

深谷主査は穴あきシートを、内装設計課を介して依頼し、塩ビシートのメーカーに試作してもらい、それを使ったルーフライニングを試作課に縫製してもらい、試作車に取り付けてみた。

「どうも穴がポツポツとよく見えるなあ。そうだ、穴を等間隔に開けないで、不等ピッチで開ければ目立たなくなるぞ」

デザイン部出身の深谷主査が与えた助言は正解であった。

内装設計課はさっそく目立ちにくい不等ピッチと穴径を設計し、再び試作依頼をした。今度の試作品はすばらしい出来栄えであった。穴が開いているはず、と思って目をこらして見ても、ルーフライニングの穴はなかなか目に入らなかった。振動実験課による車内騒音測定でも穴あきルーフライニングの騒音レベルは穴なしに比べて三～五デシベルも低かった。

「思った以上の効果だ」

深谷主査と渥美主担当員はほくそえんだ。

特定のエンジン回転数、特定の車速での走行中に発生する、耳を圧するような室内騒音をこもり音と呼ぶ。車室内の空洞共鳴によるもので、低周波数のために、吸音対策が難しい。

「こもり音の空洞共鳴は車室周囲の弾性振動と連動しています。こもり音は、駆動系振動が伝達されて起きるフロア振動が主因ですが、リアウインドガラスをより大きく振動させフロア振動に干渉させることで軽減できます。リアウインドガラスが振動しやすいように、最近はやりの接着タイプではなく、リアウインドガラスの保持は古いタイプのウエザーストリップタイプにしましょう」

振動実験課での経験を自分の担当するプロジェクトにも適用したいと渥美主担当員が深谷主査を口説いた。

「こもり音にはウエザーストリップタイプの方が絶対にいいですよ。渥美さん、頑張ってください」

振動実験課も応援した。

ウインドガラス用のウエザーストリップは、複雑な断面形状のため製造原価も高く、重量も重く、ウインドガラス装着時に無理な姿勢を強いられるために組立ラインにも嫌われていた。そのため、ウインドガラスをボデーのフランジ部（板金を合わせ溶接する部分）に直接接着する新技術（ダイレクトボンディングと呼ぶ）が開発され主流となり始めていた。

「重量と製造原価が上がり、重量目標、原価目標が未達になるのは困りますが、渥美さんがそこまでやりたいと言うのならやりましょう」

製品企画室で重量管理を担当している里見担当員もしぶしぶ承知し、深谷主査も受け入れた。

ボデーの構造部材は、負荷の力とモーメントに耐える強度と剛性を持たせるために、一般にアウターパネル（室外側のパネル、外板とも呼ぶ）とインナーパネル（室内側のパネル、内板とも呼ぶ）の二重構造となっている。

乗用車のドアは開いた角度でも停止できるように設計されている。当時の世界中のどの乗用車も、ドアの開閉は、ドアインナーパネルの先端とドア前方にあるピラーインナーパネルをつなぐ、鋳鉄製の重いドアヒンジを介してなされ、ドアヒンジの中に組み込まれたストッパーが決められたドア開度でドアを停止させる仕組みになっていた。

薄い鋼板（〇・七五～〇・八ミリ）でできているとはいえ、ドアガラスとウインドレギュレーター（ドアガラスを上下に開閉する機構）を内蔵しているドアアッセンブリー（すべての構成部品を組み込んだドア）、特にフロントドアアッセンブリーの重量は重く、広いドア幅がモーメントアームを長くするため、ドア開閉のモーメントは非常に大きくなる。その大きなモーメントを支え、開度のついたドアを停止させるために、ドアヒンジは大きな強度を必要とし、鋳鉄製の大物部品とならざるを得ない。それが当時の技術の常識であった。この大物部品の重量が車両重量低減の足かせの一つになっていたのである。

「重いドアヒンジをプレス品で造れないかと検討してみました。ヒンジとストッパーを分離して、どちらもプレス製の鋼板で造るものです。ストッパーの形状は実験で確認しながら決める必要があります」

ボデー設計課の守口係長が箱崎係員をつれて、従来の鋳鉄製品と、新しいドアヒンジの設計図を持って製品企画室に現れた。

「そんなことができるのか」

図面を広げてみると、フロントピラーインナーパネルの側面の上下二箇所に小さなプレス製品のヒンジがボルト締めされており、それと切り離して、二箇所のヒンジの中間から細い板状の棒（ドアチェックと呼ぶ）が突き出ている。細い板状の棒は蛙を飲みこんだ蛇のような二山の形状をしていて、フロントピラーから突き出た板状の棒は、フロントピラーに向き合うドアインナー側に取り付けられたガイドに差し込まれ、ドア開閉のたびにガイド内を滑るように行き来する。ガイドの中では、ゴムで抑えつけたテフロン製シューの間を板状の棒が滑り、板状の棒の二山形状による抵抗力でドアを停止させる機構であるという。

「これはすばらしい、画期的なものだ。さっそく試作してみよう」

その独創性をいち早く察知して、深谷主査は身を乗り出して感嘆した。製品企画室で重量管理も担当していた里見担当員は、大幅な重量軽減案を見ると、小躍りして喜んだ。

——製品開発プロジェクトが減って、ボデー設計課にもこのような新機構を考えるゆとりができたな。

渥美主担当員もその大胆な設計案にびっくりした。

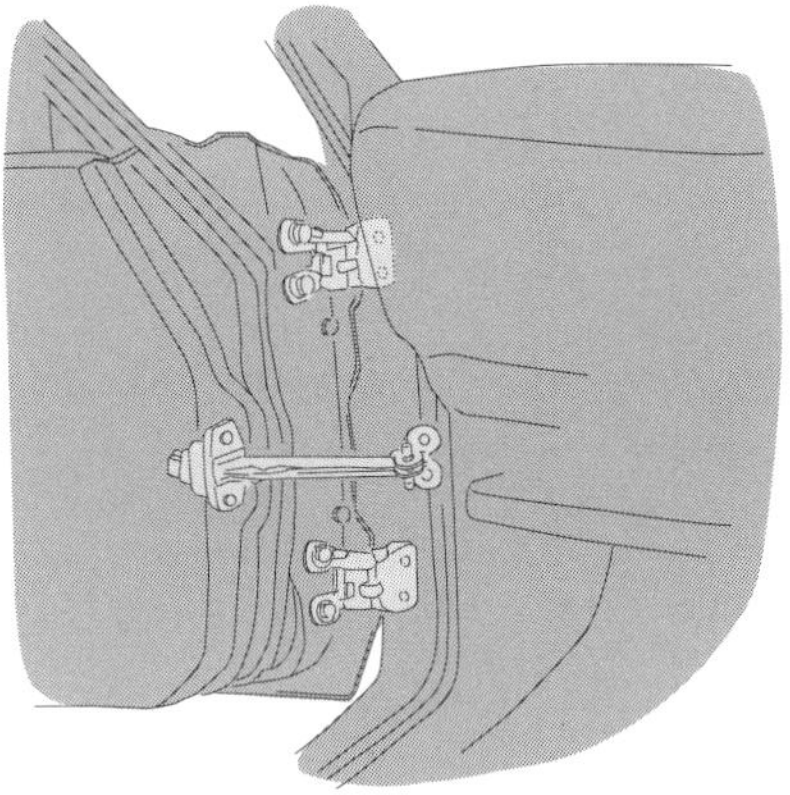
チェック＆ストッパー機構分離式ドアヒンジ

画期的なドアヒンジの試作品が完成して、試作車に取り付けられた。フロントドアを開けてフロントピラーを見ると、長年苦しめられたこぶがとれたこぶ取りじいさんのように、それはそれは、すっきりとしたドアヒンジが付いていた。
「小さなドアヒンジだな。急に身が軽くなったようだ。ドア開閉フィーリングはごきごきとなんとも不細工だが、どんなものでも試作当初はそんなものだよ。そのうちに良くなる」
と、深谷主査は上機嫌であった。
チェック＆ストッパー機構分離方式の新型ドアヒンジは、当初には滑らかな摺動とはいえなかったが、試作車による実験を重ねて、ストッパーの二山形状を改良するにつれてドア開閉フィーリングもなめらかになり、開発日程に十分な余裕をもって実験基準、品質基準に合格するまでになった。

製品企画室は、開発構想の商品コンセプトの一つに、「視界が良く運転しやすい」をかかげていた。「インストルメントパネル（計器盤）は低く、シンプルな意匠とする。また、見切り面や部品の合わせ面にはわざと段差を付け、面の合いが悪くても目立たないようにする」

深谷主査がインストルメントパネルのデザインに強く求めた。

運転席周りの視界を良くするには、インストルメントパネルの高さを下げてフロントウインドの窓下面を下げ、それに合わせてベルトラインとリアウインドの窓下面を下げ、さらにフロントピラーおよびクオーターピラーの幅を減らさなければならない。

そのために、ベルトライン、フロントウインドおよびリアウインドの窓下面をそれぞれ十五ミリ下げる検討をボデー設計課に依頼していた。

ベルトラインを十五ミリ下げると、ドアガラスは上下方向に十五ミリ大きくなり、そのドアガラスをすべてドア鋼板内に格納するには、逆に十五ミリ減ったドア鋼板分と合わせて、ドア鋼板内の上下スペースをそれまでよりも三十ミリ多くひねり出さなければならない。これは、簡単なように見えて、設計者にとっては大変な知恵の要ることであった。

ボデー設計課の守口係長のグループは、製品企画室が要求する、ベルトラインを十五ミリ下げるためのスペースを、あっちを一ミリこっちを二ミリと削って、四苦八苦のあげく、セダンではなんとか稼ぎ出すことができた。しかし、ハードトップのリアクォーターガラス（リアクォーターピラー前方の三角形のウインドガラス）では、どう工夫しても、大きくなったドアガラスをすべてドア鋼板内に格納することが無理であった。

「ハードトップのリアクォーターガラスは、二十ミリの格納残しを許す」

やむを得ず、製品企画室が妥協した。

ベルトラインを下げたおかげで、セダンでは運転席の視界が大きく改良され、これまでにないほど明るい視界を持つ乗用車となった。また、ガラス面積が増えたことによって、ベルトラインより下の鋼板部分の重量感が減ってグリーンハウスが軽く見えるようになり、特にセダンでは外形スタイルが軽快に見えるようになった。

設計部各課には試作車不具合、市場不具合、市場クレーム、リコールなどの経験に基づく設計基準と呼ばれる設計の拠り所がある。設計基準のファイルには、部位・部品、性能・品質ごとに設計の注意点、禁止・推奨事項、数値範囲、設計法などが詳細に記載されている。設計者は製品企画室が指示する開発目標値を狙い、設計基準を満たし、その上に設計者個人のアイディアを入れながら、部位・部品を設計する。

セダンやハードトップのリアクォーターピラーの上部には、ルーフパネルから下方へ突き出た鋼板部分とリアクォーターパネルから上方へ突き出たリアクォーターピラー鋼板とを溶接結合する部分がある。デザイン外形面からいちだん落とした面をスポット溶接した後に半田を盛ってデザイン外形面まで埋め戻し、スポット溶接の打痕（ナゲットと呼ぶ）を隠す製法を採っていた。

その半田使用が環境上から、また半田盛り作業が原価上から、それぞれ大きな問題となっていた。マークⅡ次期モデルでは、生産技術部の高尾係長のグループが、半田盛りをしない製法を根気強く探し、銅アークロー付けをした後にやすり掛けだけで済ませる画期的な製法を考案した。環境問題を解決するための新製法のはずであったが、製造原価も従来の六十％にまで下げる効果をもたらした。

マークⅡ次期モデルのバン・ワゴンの開発委託を受けた関東自動車工業㈱の製品企画室宇佐美主査は、技術部長とともにトヨタ自工へ挨拶に訪れた後も、ひんぱんにトヨタ自工製品企画室を訪れ、深谷主査と打ち合わせを行っていた。

「このたびのモデルチェンジではエンジン性能の大幅改良が見込めないため、マークⅡ現行モデルに対して燃費を四％向上させるために、車両重量を六％、七十キログラム、軽減しなければならないことがわかりました。そこでバン・ワゴンもリアボデーだけで二十キログラムの重量軽減をお願いしたいのです」

と切り出した深谷主査に、宇佐美主査は驚いた顔で聞き返した。

「それは大変な重量目標ですね。バン・ワゴンもさることながら、セダン・ハードトップでの目標達成の見込みはあるのですか」

「まずフロントサスペンションをウィッシュボーンからマックファーソンストラットに替えることにしましたので、サスペンションメンバーが不要となり、二十キログラムの軽減となります。そのほかにも、ボデー構造を抜本的に見直して二十四キログラムの軽減を検討中です」

「そうですか。バン・ワゴンでいじれるのはリアボデーだけですから、何か大きなことをしないと…」

深谷主査の脇で二人のやり取りを聞いていた渥美主担当員が口を挟んだ。

「宇佐美主査、われわれの検討では、バン・ワゴンの重量軽減の最大の眼目はバックドアヒンジだと思っています。従来のバックドアヒンジは、大きなU形アーム、ゲートアッパーに固定する重いヒンジプレートとトーションバー、それにバックドア開閉時のトーションバー反力に耐えるゲートアッパー補強などを合計すると、約二十キログラムにもなります。これをなんとかしないと、重量軽減はできません」

「おっしゃるとおりなんですが、なかなか踏ん切りがつかなくて…。しかし、この際、あれをやってみますか…」

宇佐美主査は促されるように話し始めた。

「バックドアヒンジは、重量の点からも使い勝手の点からも、バン・ワゴンの最大の問題だとわれわれも思っています。バックドアを閉めた時に、バックドアヒンジのU形アームが荷室内に張り出して、室内の収納スペースを減らすだけでなく、荷物に汚れを付ける場合もあるからです。特にマークⅡワゴンのユーザーは衣料品を扱う商店が多いので、汚れを嫌う衣料品にU形アームが当たって困る、との慢性的苦情が市場にあります」

「一方、バックドアの開閉角度により大きく変化するドア開閉モーメントにうまくバランスし、小さなドア開閉力で操作できる方法はトーションバー式バックドアヒンジ以外に今のところありません。しかし、最近ほかで使われ出したガス封入ダンパーをバックドア中間点に取り付けることができれば、それによってダンパーにかかる開閉力を減らせれば、開閉システムとして使えるかもしれない、いや、その方法しかない、と私は考えています。ただし、ダンパーステーの格納はウェザーストリップゴムの外側になるので、バックドア周りから入り込むほこりのためにダンパーのシールが磨耗するおそれがあり、そうすれば封入ガスが抜け、ダンパーのばね作用がまったくなくなるので、怖くて誰も今まで試みなかったのです」

迷いながら、宇佐美主査はそう言った。

「わかりました、やってみましょう。さっそく、図面を描いて、バックドアゲート周りのモックアップを作って、一ヵ月後にお持ちしましょう。そのモックアップをご覧いただいて、ガス封入ダンパー式で行くかどうかを決めてください」

宇佐美主査は、最後には踏ん切りが付いたように、迷いなく言い切った。

渥美主担当員は、宇佐美主査の市場問題点についての認識の的確さ、即座に代案を出せる有能さに感心しつつも、期待と不安の混じった質問をした。

「試作車でガス封入ダンパー式をやってみて、シールの耐久性に問題があれば従来のトーションバー式に戻す、ということはもうできないのですね。バックドアゲートをまったく変えてしまうわけですから…」

「それはもうできません。なんとしても、ガス封入ダンパー式をものにするしかありません。だからこそ、モックアップまで作って検討しておく必要があるのです」

宇佐美主査は、渥美主担当員の目を見つめて、きっぱりと返答した。

宇佐美主査の割り切りとは逆に、深谷主査は宇佐美主査の提案に半信半疑であった。誰も試みたことのないまったく新しい方式、いったん決定すれば後戻りできない構造に賭ける危険を案じていた。

「主査、従来タイプでは長年の問題の積み残しになりますので、このガス封入ダンパー式に賭けてみる価値があるんじゃないですか。まずはモックアップを見て判断することにしてはどうでしょうか。一ヵ月後なら従来のトーションバー式へ戻すことになっても間に合うと思います」

その雰囲気を感じとって、渥美主担当員が脇からそっ

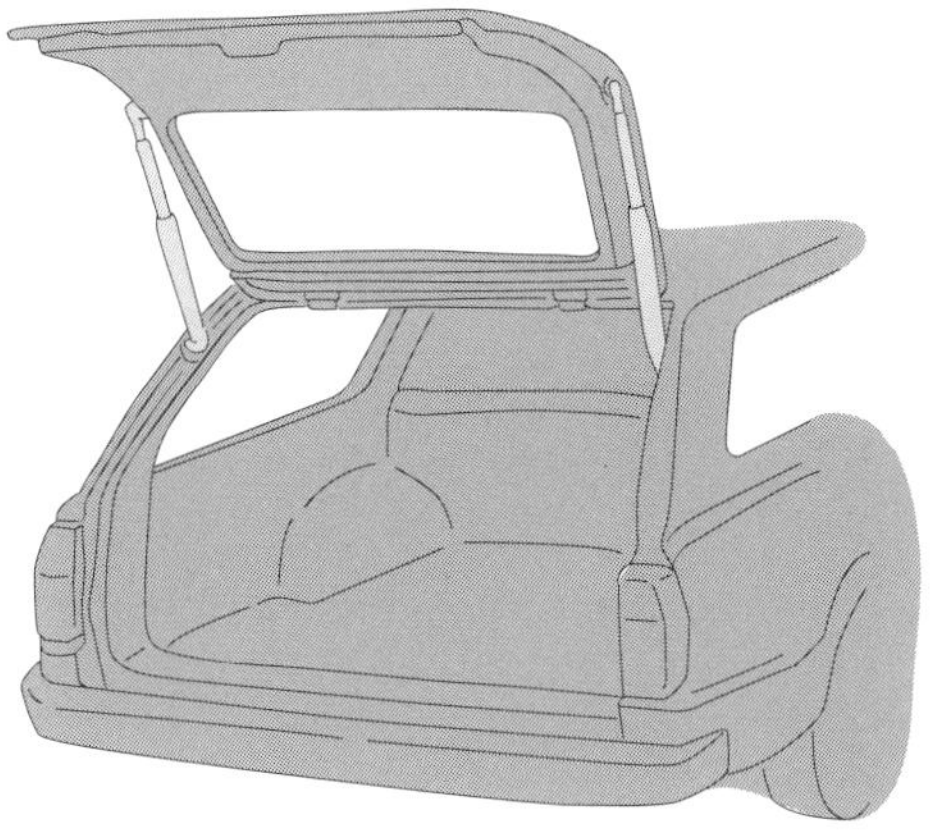

ガス封入ダンパー式バックドアステー

と深谷主査にささやいた。

　秋になると東京晴海で日本自動車工業会主催のモーターショウが開催され、製品企画室の渥美主担当員も、他社の乗用車展示会場をまわりライバル車調査をしたついでに、商用車と軽自動車の展示会場まで足をのばし、小型バン・ワゴンと二ボックス（側面から見たボデー形状がフロントとキャビンと二かたまりのもの、ほかに一ボックス、三ボックスがある）の軽自動車のバックドアヒンジを見てまわった。宇佐美主査の言うダンパーステーは、小型バン・ワゴンでは見当たらなかったが、軽自動車の一部に見つかった。どの軽自動車のダンパーステーも荷室内にむき出しで取り付けられ、宇佐美主査案のようなウエザーストリップより外側のほこりにまみれるところに取り付けたものは一つもなかった。渥美主担当員は、ダンパーステーを使っている軽自動車の車名と取り付け方法を、丹念にノートに記録して帰った。

　一ヵ月後に、実物を改造したバックドアゲート周りのモックアップを小型トラックに積んで、宇佐美主査が訪ねてきた。技術部内のヤードにモックアップを降ろし、宇佐美主査は大きなバックドアを開閉しながらその構造と特徴について説明した。

「ゲートアッパーのヒンジはこの小さな蝶形ヒンジで十分でしょう、開閉反力がかかりませんから。ゲートアッパー補強も必要ありません。室内に突起が出ないように、また室内からダンパーステーが見えないように、ダンパーステーはウエザーストリップの外側に配置しますから、ピラー隙間から入るほこりに対するダンパーのシール性が最大の問題となるはずです。ガス封入ダンパー式のばね特性がきつい山形になるため、バックドア開閉の操作フィーリングは従来のトーションバー式より良くありません」

その後に深谷主査と渥美主担当員も加わって、モックアップのバックドアを何度も開け閉めしてみて、開閉フィーリングを確かめ合った。

「閉力が少し強すぎる感じはありますが、試作品としてはなかなか良いフィーリングです。これが実現するといいですね」

渥美主担当員は、宇佐美主査の構想とその実行力に驚き、一ヵ月で仕上げたモックアップのガス封入ダンパー取り付けの設計的センスに感心した。

「渥美さん、これからが大変なんです。悪路耐久試験でほこりが中に入ってしまうと、ガス封入ダンパーのガスケットが摩滅し、ガス封入ダンパーは中のガスが抜けてすかすかになって、ダンパーじゃなくなってしまうのですよ」

宇佐美主査は、自分の提案の行く末がただならぬことを隠さずに、冷静に予測していた。

「宇佐美さん、ご苦労さまでした。この方式で行きましょう」

急作りとはいえ実物に近い試作品と宇佐美主査の実行力と冷静さを見て、深谷主査にも宇佐美主査案に賭ける決心が付いた。

バン・ワゴン用のガス封入ダンパー式の本格的な設計が完了し、新しいバックドアヒンジを搭載した一次試作車も完成し、一次試作車を使って性能試験、耐久試験が始まった。

「ガス封入ダンパーはだめですよ。一次試作の耐久試験車は、悪路を三〇〇〇キロ走ると、ほこり入りのためロッドとシールの隙間が開いて、ばね作用がなくなります」

「ベンチ耐久試験でも、ガス封入ダンパーのロッドとシールの隙間が開いて、ばね作用がなくなります」

「ガス封入ダンパー式のばね特性を、バックドア開度に対して、なだらかにすることが難しい」

製品企画室へ実験各課から悲観的な実験結果が次々と寄せられた。あれほど頻繁に報告と打ち合わせに駆けつけていた宇佐美主査がぱったり姿を見せなくなっていた。

二次試作車になっても、ガス封入ダンパー式に大きな改善が認められなかった。渥美主担当員もしだいに不安を感じるようになった。

――この段階まで来てU形アーム・トーションバー式に戻すにはどうしたら良いか。自信ありげに深谷主査を抱き込んだ責任を取らなければならない。

渥美主担当員は真剣に考え始めた。

そんなある日、突然に、宇佐美主査が深谷主査の前に姿を現した。

「いやあ、大変ご心配をかけております。これが二次試作の耐久試験車に付いていたガス封入ダンパーです。悪路耐久走行九〇〇〇キロで、この通りばね作用がなくなります。悪路の耐久走行をすると、巻き上げられたほこりがバックドア周りにべったりと付着し、ダンパーのロッドとシールの隙間に侵入し、シールを磨耗させて隙間を広げ、ますますほこりを侵入しやすくするのです。侵入したほこりによるやすり現象に耐えるために、磨耗の少ない硬いシールも考えましたが、それだけではだめでした。そもそもロッドとシールの間に隙間があるからほこりが侵入するのではないか、と最近気づいたのです。ロッドの曲げ剛性が足りないからロッドが曲がり、シールとの間に隙間が開いてほこりが侵入するのではないか、と。ロッドの直径と肉厚を増し、曲げ剛性を上げてみようと思っています。たぶん、行けると思います」

問題解消が進まず四面楚歌の中、宇佐美主査はひとりで耐えて原因と対策を思い練っていたのであった。宇佐美主査の予想したとおり、曲げ剛性を上げたロッドに替えたガス封入ダンパーは悪路耐久走行の基準を十分に達成した。

自動車開発における耐久性検討はもっとも基本的な評価項目である。当時の乗用車の耐久基準は一般に四十万キロメートルが目安であった。開発期間中にその距離を何回も走行できる時間はないし、走行する路面によっても車への負荷が異なるので、実際には、各メーカーの経験と実走行ダメージ測定データに基づいて路面・走行距離を設定し、その基準に従った促進試験（実際より負荷を過大にし、走行距離を短くし、試験車へのダメージを実走行ダメージに合わせる試験）を行い、耐久性の品質保証レベルを満たしているかどうかを短期間で確認する。悪路耐久試験はそういう促進試験の一つである。

オイルショック後の経済不況のあおりでわずかに残ったプロジェクトが、社内部署と社外の協力企業の期待を担い、そこで働く人々の数少ない活躍の場となった。オイルショック（一次）が三代目マークⅡ開発へ全社、全グループの協力を呼び込んでくれたのである。

# 第6章 廉価、お買い得感を実現

## 下級車とも競える価格

製品企画室は、マークⅡ次期モデルの試作について、試作車台数、各号車ごとのボデー型式、搭載エンジン・足回り、グレード、オプション装備、織り込み対策、設計図出図時期、各号車ごとの完成時期、完成後の使用部署と使用期間などを指示した。試作車は、設計改良結果を確認するために、一次、二次、三次と時期をずらして製作される。マークⅡ次期モデルでは一次〜三次試作車は一七五台、開発期間中の全試作車の全走行距離は三二〇万キロメートルに及んだ。

製品企画室の開発進行管理の業務の中では、日程管理がもっとも難しい。

設計各課は出図日程に余裕を持ちたい。未経験の新技術、システム上のしわ寄せを受ける部位、性能・品質・重量・原価の高い目標を与えられた設計部署、複数のプロジェクトをかかえながら人員補充のなかった設計部署にその希望が特に強い。その利害対立する各課の意見を抑えて日程表をまとめ上げるには、製品企画室の主査付の経験、手腕、そして信頼が欠かせない。出図日程をどう守ってもらうか、それも製品企画室の腕の見せどころである。

「設計図面を、設計課→製品企画室→技術管理部→各部へコピー配付と、社内便でまわすから時間がかかるのだ。各部署の秘書が手持ちで次の部署へ運ぶことにしよう」

それで出図日程が一、二日の短縮になった。

製品企画室は日頃から設計各課をまわり、また設計連絡会で、各部位の設計の進み具合と遅れの危険性を把握していなければならない。製品企画室が設計各課に三回の督促をしないと事は進まないが、督促が多すぎると嫌われる。

「あの件は進んでますね」

と、出図期限の一ヵ月前にはさりげなく督促し、

「まもなく期限です。わかってますね」

と、出図期限の直前には念を押し、

「期限が過ぎたので急いでください」

と、出図期限の直後には駄目押しをする。

設計や出図の遅れが発生した場合には、関係部署（設計各課、生産技術部、生産管理部、購買部など）を急ぎ集め、製品企画室が主導して新たな開発大日程を作り直す。そこでは、以後のすべての業務を、

実施時期を重ね合わせて日程短縮し、残された期間に押し込んで日程遅れを吸収する。当初のラインオフは、早まることはあっても、遅れることは絶対にない。その難作業を少しでもやりやすくするために、設計各課には遅れ発生を早めに申告するように要請している。

一次試作車の一号車が完成した。

さっそく製品企画室が関係各部署に連絡をし、関係者が集まって一次試作車一号車の現車確認をした。どんな感じの車か、イメージどおりか、設計図どおりにできているか、誤品欠品はないか、思惑どおり作動するか、緊急に対策しなければならない点はないかを各課がそれぞれ探し、確認し合った。

「問題はありませんか？　なければ、一号車の最初の評価部署、熱実験課へ二週間の予定で渡します。熱実験課は使用期限を守って次の振動実験課へ引き渡してください」

確認後に、製品企画室の里見担当員は熱実験課へ一号車を引き渡した。

一次試作車の評価と問題点対策に入ったのを機に、製品企画室は設計連絡会の開催間隔を毎月一回へと短縮した。

設計連絡会は、試作車で摘出される問題点・摘出状況、問題点の対策内容・対策時期、部品メーカー内の問題点などを、設計部各課を介して情報把握し、製品企画室の意思を伝える機会である。一回の設計連絡会は、十五を超える部署と問題点の有無を情報交換し対策案を議論するために、まるまる二日間を要した。

「担当部位の境界部分については、関連課同士で協議し、双方で二重チェックするように、また設計者は試作品を自分で確認するようにしてほしい」

設計部各課に対して、製品企画室が特に注意を促した。

「試作車の評価と対策提案が生かされるように、評価部署は設計部各課の出図に間に合うように、また設計者が理解して設計に生かせるように、提案してほしい」

評価部署にも、独りよがりにならないようにと、製品企画室が要望を出した。

試作車の評価部署は、実験部の実験課、試験課、品質保証部の試験課、工場の検査部である。

実験部各課にも、市場不具合、市場クレーム、リコールなどの経験に基づく、実験基準と呼ばれる実験の拠り所がある。実験基準のファイルには、実験項目、性能・品質ごとに評価項目、実験注意点、禁止・推奨事項、評価値範囲、実験方法などが詳細に記載されている。実験者は、製品企画室の開発目標、実験基準に沿い、その上で実験者の官能評価（フィーリングテストと呼ぶ）に基づきながら実験計画を立て、問題点の抽出、原因究明、設計課への対策提案を行う。このほかに、総合的な商品性評価、製品の梱包性（運搬の荷姿）、運搬性（運搬手段・運搬効率）、サービス性（サービスのしやすさ、サービス時間、特殊工具の要不要）なども検討する。

品質保証部の試験課も、製品企画室の開発目標、製品企画室へ提案した品質要望書、そして品質保証部の品質基準に基づいて評価する。工場の検査部も製品企画室の開発目標、検査部の検査基準に基づいて評価する。

マークⅡ次期モデルの開発構想の商品コンセプトには「快適性の向上」があった。快適性には幅広い意味があるが、車内騒音低減による静粛性の向上と空調性能の向上が最重要課題であった。

空調性能は室内への吹き出し能力と室内からの吸い出し能力の相乗効果によるから、室内後方部で外形に沿う気流がもっともなめらかになるリアクォーターピラーに吸い出し口を開け、吸音材を貼った迷路を設け、空気は出やすく風切音は入りにくくしていた。

「エアコンの空調能力アップだけでは、特に冷房能力について、顧客の満足が得られないだろう。足りない分を風速で冷気を感じさせる風速型レジスター（エアコンの室内吹き出し口）の採用と各吹き出し部の吹き出し量配分を見直して対処しよう」

と、空調性能を担当する熱実験課、艤装設計課の意見をいれて、製品企画室が方針を立てた。吹き出し風速を大きくすると、体感温度では吹き出し温度よりも冷たさ、暖かさが強調される。それを利用して空調能力の不足分を補おうというわけである。

製品企画室は艤装設計課に対して、運転席から見て、正面は丸く、中心に絞り弁ノブのついた風速型レジスターの設計を依頼した。ノブを回して、開度を絞ると風速が増し、緩めると風速が減る、というものである。振動実験課が心配する吹き出し騒音が大きくならないように、レジスター内の空気流れが剥離しないような流線形状への配慮も頼んだ。

製品企画室のもう一つの方針は、冬季に側方の視界を確保するために、ヒーター使用時にインストルメントパネルの外側のレジスターからフロントドアガラス前部にも暖気を吹き出させるシステムの採用で、サイドデフロスターと呼ぶことにした。試作車を作って、熱実験課が車室内の温度分布、フロントドアガラス部の温度分布と晴れパターン（暖気吹き出し開始から一定時間後のウインドガラス上の解凍分布図）を測定してみると、サイドデフロスターは大変良い結果をもたらすことがわかった。商品コンセプトの「視界が良く運転しやすい」を冬季にも確保できると同時に、冷えたハンドルを握る手を暖める効果もあった。

熱実験課、艤装設計課、製品企画室との間で最後までもめた問題は、ヒーター使用時に足元のレジスター（室内下部への吹き出し）とインストルメントパネルのレジスター（室内上部への吹き出し）とで吹き出し温度差をどの程度にするか、という点であった。足元レジスターに対するインストルメントパネルのレジスターの吹き出し温度差について、ウインドの晴れパターンの確保を重視したい熱実験課は足元レジスター吹き出し温度マイナス十度を、頭寒足熱の快適性を強調したい製品企画室は足元レジスター吹き出し温度マイナス十三度をそれぞれ主張して、決着がつかなかった。

吹き出し温度差の決着は、毎年恒例となっている、冬季寒冷地試験に持ち込まれた。

大寒の二月上旬、製品企画室の渥美主担当員は、千歳空港から乗ったバスを札幌の大通り公園で途中下車し、旭川行の電車を待つ時間を札幌の雪祭り見物に費やした。雪国にはめずらしい晴天で、大通り公園いっぱいに配置された雪像はどれも大きく、陽に眩しく輝いていた。

渥美主担当員は夜になって旭川へ到着し、寒冷地試験隊に合流した。

「今年の最低気温は例年ほど低くありません」

と車両試験課から派遣されていた駐留隊の隊長は言ったが、翌朝、午前四時の旭川の気温はマイナス十六度まで下がった。世界の冬季寒冷試験地としては、北欧ラップランド、カナダ北東部が知られるが、最低気温からみると北海道北中部が世界有数の試験地なのである。南極越冬隊のような防寒具からわずかにはみ出た頬には針で突き刺すような痛みが走った。積もっている雪はさらさらしていて、強くにぎっても雪玉にならない。

――雪質が東北地方のそれとはこんなにも違う。

東北地方の雪国に生まれ育った渥美主担当員にはそれが新しい発見であった。

寒冷地試験隊は、毎日午前四時に起きて、一晩中戸外に放置しておいた試験車の各部温度を測定し、冷えきったエンジンの始動性を確認した後に、雪道を走行して各種のテストをこなし、昼前に基地に帰り、昼食を摂り、夕方まで仮眠した。ライバル企業の寒冷地試験隊とはち合わせをした、という知らせもあった。

「吹き出し温度差は、やっぱり足元レジスター吹き出し温度マイナス十三度で行きますか」

二日間の走行テストを終えた時、熱実験課の隊員が、渥美主担当員のところへ来てそう言って、製品企画室案に合意した。

一次、二次、三次と試作車の検討も進み、生産工場で生産設備を使っての生産試作へ移ろうというある日、ふだんはほとんど姿を見せない設計部の二宮部長がひょっこりと深谷主査を訪ねてきた。二宮部長もかつて製品企画室主査であった。

「渥美君、ちょっと…」

深谷主査席の脇にある小さな丸テーブルでしばらく二宮部長と話をしていた、深谷主査が渥美主担当員を呼んだ。

「渥美君、こんどのおたくのモデルチェンジのヘッドランプはシングルランプ（二灯式）だね。オイルショック直後のあの時はあれで良いと思ったが、景気も持ち直してみると、今度のモデルのシングルランプはいかにも貧相だ。そうは思わないかね。発売したら、コストダウンのためにシングルランプにした、シングルランプだから夜間視界が悪い、と絶対に悪口を言われる。今からでもデュアルランプ（四灯式）か異形ランプ（二灯式特注品）に替えた方が良いのではないか、と深谷主査に申し上げておる。君はどう思うかね」

テーブル席についた渥美主担当員の方を向いて、二宮部長はいつものように静かに説明した。

――やっぱり元主査は目の付け所が違う。

と、渥美主担当員はこれまでまったく気づかなかった盲点を突かれたような気がした。

「おっしゃることはごもっともですが…、今からデュアルランプか異形ランプに替えることは無理です。しかし、照度性能が同程度でも、シングルランプだから夜間視界が悪い、と悪口を言われかねないのはそのとおりかもしれません」

「そうか無理か。しかし、デュアルランプ以上の照度性能、これだけは絶対にやらなければならない。そのためにコストがかかってもやむを得ない。そうしないと、シングルランプでけちがついて、せっかくのモデルチェンジがパーになるぞ」

「…、二宮部長、どうでしょう、デュアルランプに負けない照度性能を持つシングルランプに改良しては…。デュアルランプの照度性能を測定し、照度マップを作り、その照度マップに合うようにシングルランプを改良すれば可能かもしれません」

二宮部長が帰るとすぐに、渥美主担当員は艤装設計課を呼んで、事の次第を説明し、ヘッドランプメーカーと協力して急ぎ対処してほしいと頼んだ。

艤装設計課とヘッドランプメーカーは、ＪＩＳ規格に従って、十メートル前方に立てたスクリーン上の照度性能をデュアルランプとシングルランプとについて測定し、両者の照度マップを作ってきた。

両者を比較すると、やはり、照度面積の左右への広がり、照度面積の外縁部での照度の二点において、シングルランプが劣っていることがわかった。

艤装設計課とヘッドランプメーカー、それに製品企画室もまじえて、デュアルランプの照度面積外縁部の照度をさらに改良した新しい目標照度マップを作り、それを満たすようにシングルランプのレンズカットを改良することにした。

「長年やっていますが、このような目標照度マップを初めて作りました。現在のシングルランプはデュアルランプに比べて照度の低いエリアと広がりの足りない角度があることもわかりました。特にハイビームでその差が大きい気がします」

艤装設計課に伴われて、ヘッドランプメーカーが説明に来た。

「シングルランプのレンズは他社用と同じ標準品ですが、レンズカットを変えるだけでデュアルランプの照度マップを超えられると思います。今回のご依頼があって、目標照度マップを作ってそれに従ってレンズカットすれば良いのだ、とわかりました」

ヘッドランプメーカーの設計者はそう言って帰っていった。

その後しばらくして、デュアルランプの照度マップをしのぐシングルランプが完成した。

完成した改良シングルランプのテストは、実験課のベンチ照度テストのほかに、山路での試乗で行うことになった。目標照度マップによる改良では照度面積外縁部の照度改良がもっとも重要であることがわかり、その良し悪しの評価には山路のワインディングロードでの試乗が欠かせなかったからである。

山路での試乗は、夜暗くなってから出発し深夜に帰社し、その後に評価結果を討議し、夜半に解散する。もちろん、翌朝は平常どおり出勤する。そのテストを一ヵ月間続けた頃に、シングルランプの照度面積の広がりと照度面積外縁部の照度はデュアルランプのそれを完全にしのぐまでになっていた。従来の標準品とは完全に異なる照度性能のシングルランプが誕生したのである。

このことがあって後、艤装設計課とヘッドランプメーカーはその設計図に必ず目標照度マップを添付するようにした。

製品企画室は性能・品質目標、原価目標、重量目標をそれぞれ指示する。性能・品質目標、原価目標、重量目標はその性格上からお互いに背反する面があり、性能・品質を上げれば原価、重量が上がり、原価、重量を下げれば性能・品質も下がることが多い。設計者はまず性能・品質目標を、その後に原価目標と重量目標の達成を目指す習性があるが、それでは背反する三つの目標の同時達成はますます難しくなる。初めから三つの目標達成を同時進行させる以外に方法はない。

マークⅡ現行モデルに比べて、マークⅡ次期モデルの車両外形寸法は、全長で一二〇ミリ、全幅で四十五ミリ、全高で二十五ミリ、ホイールベースで六十ミリ、前トレッドで二十ミリ、後トレッドで五ミリ、それぞれ大きくなっていた。平面投影面積でも五%プラスになっていたが、重量目標値はセダンで八十キログラム、バンで四十九キログラムのそれぞれマイナスになっていた。重量目標値は部位別または部品別の「現行モデルマイナスまたはプラス」の形で表記され、軽減目標はエンジン・駆動・足回りで二十四キログラム、セダンのボデー関係で四十キログラムなどであった。

「部品ごとの重量目標値が達成できない場合でも、部位ごとまたは担当課ごとでは必ず重量目標値を達成していただきたい」

製品企画室はそう指示していた。

一次試作車の重量測定によれば、セダンの車両重量は目標値を十九キログラムも下まわり、またバンの車両重量も目標値を十六キログラムも下まわり、それぞれ目標達成していた。一次試作車の重量がこれほど大幅に重量目標値を下まわったことはめずらしいことであった。担当各課がいかに努力を尽したか、マークⅡ次期モデルに賭ける社内の意気込みが感じられる幸先の良い結果であった。

一次試作車の重量結果をもとに二次試作車の重量目標を決定した。セダンでは、目標達成分に新たに設計変更と仕様変更による追加分の軽減目標を加えて、二次試作車の重量目標を現行モデルマイナス八十四キログラムと変更した。また、バンでは、目標達成分に新たに設計変更と仕様変更による追加分の軽減目標を加えて、二次試作車の重量目標を現行モデルマイナス五十五キログラムと変更した。二次試作車の重量目標が当初の重量目標よりさらに軽減されることもめずらしいことであった。

「設計図に見積り重量の記載欄を新たに設け、試作部品を新設する場合には、設計者が必ずその見積り重量を記載する。試作部署、外注部品の受入れ部署は、必ず試作部品重量を測定し、設計図の見積り重量との差を把握し設計部署へ報告する」

重量目標達成をさらに確実にするために、二次試作の段階から、この方策を加えた。

マークⅡ次期モデルでは一次試作、二次試作、三次試作のすべての重量目標を達成し、生産試作を終了した時点でも重量目標を達成していた。開発期間中の早い段階からの目標達成は異例のことで、社内、社外の協力企業の人々が精魂を傾けて努力した結果であった。

目標達成の内容と方策は次のようなものであった。

M系エンジンのシリンダーブロックの薄肉化などでマイナス五キログラム、クラッチハウジングの薄肉化でマイナス一キログラム、フロントサスペンションをウイッシュボーン式からマックファーソン式に変更したため、サスペンションメンバーが不要となったことなどでマイナス二十三キログラム、ボデーシェルの軽量化でマイナス二十四キログラム、ボデーに付属する機能部品などでマイナス六キログラム、シートなどでマイナス五キログラム、ランプ、メーター、ヒーターなどの艤装部品でマイナス五キログラム、オルタネーターなどの補機部品でマイナス二キログラム、大荷重を受けるフロントシートベルトの取付部をシートフレームからフロアへ移して軽量化したマイナス四キログラムなどである。

マークⅡ次期モデルの原価目標値は基本車型（セダン）で、足回り、ボデー、内装関係で低減し、マークⅡ現行モデルに比べてマイナス二五二〇円にするというものであった。原価目標値は、部位別または部品別の「現行モデルマイナスまたはプラス」の形で表記され、車型、グレードごとに作成され、それぞれ担当課ごとに割り付けられていた。

「部品ごとの原価目標値が達成できない場合でも、担当課ごとでは必ず原価目標値を達成していただきたい」

重量目標の場合と同様に、原価目標についても製品企画室はそう申し添えていた。

原価低減のために、製品企画室は身を切る思いの決断をし、担当課を説得した。

リアコンビネーションランプ（リアコンビランプと略称する）を横長な意匠にすると広い車幅に見え、縦長な意匠にすると狭い車幅、高い車高に見える。横長な意匠ではレンズのアクリル板の面積が大きく製造原価が高い。深谷主査は、嫌がるデザイン部に、小型、縦長、一体型のリアコンビランプへの変更を頼んだ。ドアトリムにつくドアアームレストの原価はアームレスト体積にほぼ比例する。高級感のあるドアグリップ一体型ドアアームレストを避け、ドアグリップの分離とグレード間共通化、およびドアアームレストの小型化も指示した。

ラジエーターグリルは、部品メーカーが新技術を試みて厳しい耐候性基準を達成した、ＡＢＳ樹脂製にクロムメッキを施した軽量・安価なものに切り替えた。機械加工をやめて冷間加工に切り替えた部品も多く、下塗り塗装だけの部品、塗装を廃止した部品もあった。

小型プレス部品を大型プレス部品の穴部分（残材となる部分）に組み合わせて同時に打ち抜く方法を採り、残材として廃棄する板材を減らし、プレス歩留まりを七十％近くまで上げた。そのために、小型プレス部品の板厚を大型プレス部品のそれに合わせることもした。

プレスは、加工費こそ安価であるが、型費が高価で、生産台数が低迷すると台当たり型費償却負担が製造原価を圧迫する。また、型メーカーは好況不況の影響を受けることが大きく、常に不況に備えているため、型費は好況時には型需要に応えきれずに高騰し、不況時には下落する。オイルショック後の不況が型費を押し下げていた。

努力の甲斐あってか、一次試作車の原価集計結果は、目標値マイナス二三〇円と、目標値をさらに超えて達成していた。

「ほんとう？　それは」

製品企画室の渥美主担当員は耳を疑って、原価管理課に聞き直した。目標はすでに達成されていたがそれでも、その原価集計をもとに、一次試作車完成直後に、第一回の原価検討会（VEとも呼ぶ）が開催された。

原価検討会は原価管理部門統括の専務取締役を中心に製品企画室長以下の担当役員が正面に並び、相対して製品企画室主査、設計部長、生産技術部長、購買部長、原価見積り部署などが並び、主催部署として原価管理部長が並ぶ。担当課長・担当者はそれぞれ上司である部長の後ろに居並ぶ。会場には一次試作車を分解した部品が展示され、原価低減の検討結果や対象部分などに疑念があれば、役員自らがその場で再確認し、提案を修正する。

一次試作段階での第一回原価検討会において、検討対象の八十三部品の予想低減額は四八〇円とし、その実現に向けて全社的に協力し、その採用に至るまで事務局への報告を義務づけることにした。

「原価低減・改善の努力は日常業務においてこそ重要である。良い設計、良い作り方において、これで良いということは永久にあり得ないのだから」

原価検討会を終える時、原価管理部門統括の専務取締役はそう言って締めくくった。

二次試作車の原価目標値は、一次試作には間に合わなかったが二次試作で織り込む予定であった低減額のマイナス一四五〇円を加えたため、現行モデルマイナス三九七〇円と一次試作車のそれをさらに低減するものに改定した。

二次試作における外注品（外部注文品、社内製造した内製品に対比して呼ぶ）の目標達成状況は、見積り一六七品のうち、達成一三四品であった。

一次、二次、三次試作と生産試作を終えた時点でそれぞれ原価目標を達成し、最終的にも二次試作車の原価目標値、現行モデルマイナス三九七〇円、を達成していた。開発期間中の原価目標達成はめずらしいことで、それは驚きであった。

原価検討のための部品展示は、試作車、生産試作車、現行モデル、新発売ライバル車両などを対象に実施される。広い部品展示室に並んだテーブルの上に分解した部品が一台分展示され、比較対象の競合車のものも隣に展示される。社内の設計、生産技術、購買、経理、原価管理、および協力企業の担当者など、誰でも展示室をのぞき、展示部品の周りをまわり、自社と他社のやり方を吟味し、提案用紙と提案箱を使って原価低減策を提案できる。

「他社も皆やっていると思うが、わが社もライバル車両を発売直後に購入して分解展示し、そのＶＥ検討をしている。もちろん、トヨタもその対象である」

ヨーロッパの某自動車メーカーの申し入れを受けて行った設計実務者意見交換会の席上で、その自動車メーカーの担当者がそう言った。

一般に原価と呼ばれるものは製造原価のことで、製造原価に一般管理費と販売費を加えて総原価、さらに利益を加えてメーカーの販売価格となる。卸売り会社と小売り会社などを経るたびに一般管理費、販売費、利益が加算され、商品にもよるが、顧客への小売り販売価格がメーカー製造原価の約二倍になるものも多い。また、メーカーにとって、月産一万個の部品の製造原価を一〇〇円低減できれば、四年間で四八〇〇万円の利益増となる。

「この販売価格でないと、買ってくれるお客がいない、ライバルに勝てない。目標販売量を達成するには販売価格をこれ以下にしなければならない」

との市場分析により、販売価格は実質的に決まる。販売価格にメーカー願望の入る余地はなく、メーカーが赤字を回避し利益を出すためには、その販売価格を実現できる原価目標を達成しなければならない。

お買い得感のない商品は、たとえ性能・品質が良くても、大当たりはしない。ライバルに、性能・品質で明らかに勝ち、その上に価格でも大きな差を付けないとヒットはしない。ライバルよりも高い性能・品質を安い価格で提供してなお利益を出せるようにするには、ライバルに大幅に優る原価低減力が必要である。

――マークⅡの過去の負け癖を払拭するには、ライバルへの圧倒的な価格差、すなわち小型下級車クラスの販売価格を実現することだ。小型下級車のコロナにも対抗できる販売価格にしないとマークⅡの安泰はあり得ない。

全国のトヨペット店をまわってから、製品企画室の渥美主担当員は商品力における販売価格の重要性を肌で感じていた。

「筑紫君、新車開発では、重量もそうだが、原価も集計するたびに必ず増える。それは原価目標を現行モデルに対して原価を変更する部品のみの合計にしているからだ。原価目標に記載されていなかった部品がいつのまにか姿を現し、または原価増となって、原価管理の足を引っ張るのだ。原価目標を達成するには、原価目標に記載されていない部品の原価増を吸収できる、隠し財産を別に作っておく必要があるのではないか。これは君と僕だけの秘密にしておこう」

渥美主担当員は、原価管理部の筑紫係長を説得して、当初の原価目標にある種のからくりを仕掛けておく提案をした。

「うちの課長にも隠しておくんですか？　そんなことはできませんよ」

嫌がる筑紫係長を口説いて、渥美主担当員は変更部品の原価低減額と台当たり原価低減額との間に差額を隠しておいた。たしかに設計部署、生産技術部署の原価低減努力もすさまじかったが、この隠し財源も原価目標の達成に貢献した。

「おかしいな。勘定が合わないじゃないか」

製品開発も終わりに近づいて、原価会議への最終報告書案を持って報告に行った筑紫係長に、上司の丹波課長は首をかしげた。

その時初めて、丹波課長は渥美主担当員たちのからくりに気がついた。

「おれまでだますことはなかっただろうに。言ってくれれば話に乗ったものを…」

信頼して協力してくれた丹波課長までだました後ろめたさにうなだれている渥美主担当員に、温厚な丹波課長は最後にひとこと付け加えて言った。

渥美主担当員は、原価目標達成のためとはいえ、人の良い丹波課長をだましたことを心から詫びた。

「手柄の報告は遅くなっても良いが、ミスの詫びは一分一秒を争え。相手が気づいた後では誠意を疑われる。会社とはそういう社会だよ」

先輩にそう教えられてきた社内で、策を弄することの愚かしさを知った。


技術部門における試作および評価が完了すると、その結果を入れて設計変更がなされ、試作用設計図から生産試作用設計図へ名称を変えて設計各課から出図され、次いで製造部門における試作（生産試作と呼ぶ）に入る。生産試作では、量産用の生産工場に量産用の生産設備を入れて（生産ラインはまだ作られていない）、量産用の粗形材、購入部品を用いて、量産ラインの作業員が実際に生産を試みるのである。そこでは量産時に発生する作業性、生産のばらつきや不具合が試される。量産のばらつきを含む生産試作車が目標生産性と開発目標値とを同時に満たしているかどうかを試験評価し、設計、生産精度、生産設備、および生産工程の見直しを図るものである。

生産試作のために部品メーカーから試作部品を購入するに当たり、それ以後の自動車メーカーの都合による設計変更には部品メーカーの先行投資へ補償する義務を備えた、生産試作用設計図が発行される。生産試作車に関しても、試作車と同様に、製品企画室が指示する。ちなみに、マークⅡ次期モデルでは一次～三次生産試作車は七五台であった。

製品企画室の国分担当員をチーフとして、設計部、品質保証部、生産管理部、生産技術部、部品メーカーからの派遣者で構成される生産試作スタッフ室が結成され、生産工場へ派遣された。生産試作が始まったのである。

生産工場の一部を仕切って、多くの定盤が据えられ、その上に梱包を解かれたばかりの加工機械が据え付けられていた。生産技術部の技術員と経験を積んだ作業員が組になって、加工機械を動かし、ワーク（粗形材）を加工していた。

生産試作スタッフ室のメンバーは、それぞれ担当に分かれ、毎日少しずつ進む部品加工と組立の試行を注意深く観察し、試しの作業を頼んでいた。ワークの取り付け方法はこれで良いか、治具・工具に不具合はないか、部品形状はこのままで良いか設計図どおりか、加工方法や生産工程に問題はないか、生産設備、生産加工方法などに不具合はないか、試作された部品に不具合はないか、いろんな角度から不具合を確かめながら一日少しずつ進めた。

生産試作一号車用のホワイトボデー（板金ボデーアッセンブリー）の完成を待って、生産技術部、設計部、製品企画室、生産管理部が集まった。生産技術部が、手でなでながら、プレス面の絞り、張り、基準面（部品合わせ面）、溶接具合、ドアの取り付けなどを、設計部が、〇・八ミリ、〇・七五ミリ、〇・七ミリなどの板厚を目視で確認しながら、プレス面の張り、スポット溶接点数減の可能性などを、それぞれ確かめた。ホワイトボデーの塗装が完成すると、購買部、部品メーカーも加えて再び集まり、塗装ボデーと外注部品の色合わせ検討会を開いた。同じ色指示でも部品材質により色目が異なるので、合いを確かめ色修正する必要があるからである。

不具合や問題点を見つけると、その場ですべてを問題点検出カードに書きしるして登録し、そのカードを生産試作スタッフ室の壁に貼り付けていった。夕方になると、スタッフ全員が集まり、チーフの国分担当員が司会して、壁に貼られた不具合・問題点を確認し、その対策を検討した。

「これとこれは設計課に対策を依頼しよう。この部品のメーカーには明日来てもらおう。この不具合はスタッフ室で設計変更しよう。いいですね」

国分チーフが次々とさばいていった。それでも、一日の登録問題点の処置を終えるのは夜十時をまわっていた。生産試作スタッフ室に入ることはきついことであった。

登録され壁に貼られた不具合・問題点がもし放置されたり、設計課回答の督促が遅れたり、対策のフォローが不十分だった場合には、当然生産試作スタッフ室の責任が問われた。そのようなことがないように、即断即決が必要となるため、生産試作スタッフ室の決定による設計変更が認められていた。もちろん、その設計課を代表して派遣された者が生産試作スタッフ室に入っていた。

「生産試作では、不具合・問題点が多ければ多いほど良い車になる」

経験的にそう言われていた。不具合・問題点が多いということは、生産試作スタッフ室の検出能力がそれだけ高いことも意味する。

生産試作の開始を受けて、生産試作スタッフ室とは別に、品質保証部が品質連絡会を毎月開催するようになった。生産試作から正式生産開始と発売後までしばらくの間、全社的に品質問題を監視し早急に対策を打てる体制を整えておき、品質問題が商品の将来に致命的影響を与える可能性のある発売当初を乗り切るためのものである。

生産試作による品質確認、生産体制確認のめどがほぼついたところで、経営トップなどの役員向けの試作車試乗会が催された。テストコースでは、深谷主査が開発経緯と問題点対策について説明した後、社長と関係役員が、用意された試作車に乗り込み自ら運転して、助手席の製品企画室の主査および主査付に試乗評価と問題点を指摘した。主査および主査付は指摘された点に関して補足説明し、また早急の対策を約束した。この試作車試乗会による評価確認の後に、経営トップはマークⅡ次期モデルの生産開始を承認した。

「来年から昭和五十一年度排出ガス規制が実施されるのを受けて、某自動車メーカーが未対策車の年内駆け込み生産をし、しかも規制へ反論するパンフレットまで配布している。これは規制に対する抜け駆けではないのか」

衆議院予算委員会で某党委員が指摘した。

「違法ではないが、社会的責任はある」

説明に出向いたトヨタ自工の専務取締役へ、通商産業省はそう言った。トヨタ自工は、未対策車の販売中止とパンフレットの回収を約束した。

「昭和五十一年度排出ガス規制に適合できるわが社の排出ガス浄化装置はまだ完成のめどが立っていない。それは、年が明ければ、わが社の販売可能な車種がなくなることを意味する。わが社は今や倒産の危機にある、皆さんはぜひとも、このことを理解して、それぞれの業務に邁進してほしい」

会社は、急遽、部課長全員を集めて、そう訴えた。

# 第三部　発売と追加対策

# 第7章 売れてこそ開発は成功

## 販売の勢いを消すな

初夏を迎えた頃、製品企画室の深谷主査が、渥美主担当員を伴って、東京霞ヶ関の運輸省審査部へ出向いた。認証申請ヒアリングと呼ばれるもので、モデルチェンジの申請許可を打診するものである。基本的に了解が得られれば、正式の申請書を提出し、現車確認などの認証手続きに入る。

製品企画室は、夏の盛りを過ぎた頃に、東京三鷹にある運輸省の認定試験場へ試作車を持ち込んだ。現車確認に必要な車両は、認証官のすべての質問・要求に即座に応えられなければならないので、車型、グレード、エンジン、トランスミッションなどの組み合わせを考えると十台を超え、その多数の試作車を一台ごとに密閉式の大型トレーラーに積み、車両試験課のスタッフが運転し、三鷹の認定試験場へ運ぶ。トレーラーから下ろす時も、認定試験中も、認定試験場の塀越しにのぞかれないように気を遣った。

自動車の生産・販売には、発売に先行して国家認証の取得が義務づけられていて、日本国内で販売する場合には、運輸省がその認証業務を行う。自動車メーカー側はこれを認定試験と俗称している。国家認証の取得には、自動車メーカーが認証機関に対し、新型モデルの車両型式と車両説明資料、試作車による確認データを提出し、認定試験場へ試作車両を持ち込み、補足説明を行い、認証官による試作車両の現車確認・測定にも立ち会うことになっている。国家認証を受けた内容が正しく守られているかどうかの責任は、認証申請した自動車メーカーの品質保証部長が負うことになっていて、そのために品質保証部長名とその経歴が認証申請書に明記されている。それに基づいて、社内では品質保証部長が、製品開発の最終品質確認をして、製品出荷許可を出す。

外国へ輸出する場合にも、それぞれの国の国家認証の取得が必要である。その場合には、認証項目と認証基準が日本国内とは異なり、認証機関も国家の委託を受けた民間機関であることが多いなどの違いもある。

国内の認定試験の場合、認定試験から認証取得までには二～三ヵ月が必要で、認証取得が自動車メーカーの予定していた発売日程に間に合わないと、生産開始と発売ができないという、大変な問題が生じることになる。

新発売の新型車の魅力をいち早く顧客へ知らせ浸透させる仕事を新商品告知と呼び、そのための作業を発売準備と呼んでいる。自動車の発売準備の中で、大規模で、長期間を要するものはカタログ作成と宣伝広告作成である。

自動車カタログには、販売するすべての車型、仕様、標準およびオプション装備、カラー、諸元、価格が正しく、わかりやすく表示されていなければならない、しかも実物と同じ色調で印刷されていなければならない。誤記や誤解されやすい表記があっては、後日のトラブルのもとになるからである。また、カタログ自体の質感の良さと上品さ、手にした時に感じる誇り、見るだけでほしくなる魅力なども備えていなければならない。

カタログの表紙を飾り新型車紹介に使われる、代表車型とその外板色（イメージカラーと呼ばれる）は厳選される。イメージカラーは、初めてカタログを手にした顧客に強い印象を与えるためか、売れ筋の外板色となることが多く、新型車のイメージをも決めてしまうからである。マークⅡ次期モデルのイメージカラーには、日本人好みとは言えないが、そのヨーロッパ風の外形スタイルに合う茶系が選ばれた。

マークⅡ次期モデルのカタログ撮影は、社内の撮影スタジオにおいて、広告代理店とカメラスタッフが約一ヵ月間滞在し、試作車二十一台を使って行われた。カタログはセダン九グレード二十三車種とハードトップ八グレード十八車種が一冊に、ワゴン一グレード三車種とバン三グレード五車種がもう一冊にまとめられた。

カタログ撮影の一ヵ月間、製品企画室の渥美主担当員は、会議の合間をみてはスタジオに駆けつけ、限られた台数で必要な仕様と装備とを再現するための試作車の装備組み替え指示と確認、写真に撮った装備・色調の確認と撮り直し指示に忙殺された。すべての車種とその標準およびオプション装備を記憶している者は限られていたので、渥美主担当員が駆けつけて確認し指示を出すまでは、カタログ撮影が中断した。撮影が終わり、カタログのゲラ刷りができあがると、その確認・訂正もまた渥美主担当員の仕事であった。土曜日、日曜日には自宅に持ち帰り、渥美主担当員は、カタログの表紙の左上から最終ページの右下まで、なんどもなんどもなめるようにチェックを続け、二回続けて誤記ゼロを確認するまでやめなかった。

発売の前に新商品告知とともに準備しなければならない、新商品の取扱説明書もこの時期に作成される。内容を十分に知り尽した設計者自身が作成すると顧客には理解しにくいものとなりやすいので、内容に関しては素人のサービス部が設計者の書いた資料をひとつひとつ顧客の立場で理解しながら作成した。

新製品発表前の最後の重要な仕事は販売価格の決定である。販売価格は、ライバル車価格などを勘案した「市場で売れる価格」としなければならないが、製品企画室、自販商品計画室の意向を踏まえて国内企画部が作った車型ごとの販売価格素案を基に、最終的に社長が決裁する。製品企画室は、新型マークⅡが強力なライバルのローレル、スカイラインと戦うために、小型下級車（コロナなど）にも対抗できるお買い得な価格設定を望み、そのために原価目標を達成する努力を積み重ねてきた。社長決裁は、それを踏まえた、国内企画部の販売価格案をさらに一部下方修正したものを販売価格とした。

全国のトヨペット店の経営トップを集めた、新型マークⅡ（三代目マークⅡ）の販売店内示会は昭和五十一（一九七六）年十二月十四日にトヨタ自工本社で開かれた。

販売店首脳への初めての新型車発表と展示は販売店内示会と呼ばれ、記者発表に先立って開かれる。内示会までは、身内の販売店首脳へさえ、新型車を説明することも見せることもない。それは、旧型車の販売意欲を新型車発売の直前まで維持したい、というトヨタ自工・トヨタ自販の方針によるものである。

この日の内示会では、広い会場の椅子席に北から南までの販売店の名札ごとに経営トップ（社長・車両部長）が座を占め、その前でトヨタ自工社長による挨拶と新型車発表があり、ついで開発を担当した製品企画室深谷主査による新型車概要説明が行われた。レーザービームと音響がひときわ響きわたると、壇上に新型のセダン、ハードトップが静かに登場し、助手席から若い女性が降り立って会場に挨拶した。

この時、会場には大きな拍手と歓声が湧いた。オイルショック（第一次）による不況を潜りぬけた販売店経営者に、待ちに待った新型車が手渡される時であった。拍手が鳴りやんで、全国トヨペット店を代表する、トヨタ販売店協会トヨペット店部会長が前面に進み出た。

「全国トヨペット店の皆さん、われわれは今オイルショック以後の新型車第一号を手にしました。トヨタ自動車工業株式会社、トヨタ自動車販売株式会社の皆様に厚く御礼申し上げます。これまで不本意ながら低い販売シェアに抑えられていた小型上級車市場において、必ずライバルを打ち倒し、起死回生の車種とすることをトヨタ自動車工業株式会社とトヨタ自動車販売株式会社の方々の前でお誓いしようではありませんか」

部会長の挨拶に、もう一度ウォーという歓声と拍手が会場いっぱいに鳴り響いた。

トヨタ自工・トヨタ自販の役員席のすぐ後ろに座っていた深谷主査の肩が動いたように見えた。その二列後ろの席で、渥美主担当員も心が沸き立つのを覚えた。初めての経験であった。

——全国トヨペット店の経営トップもこのように自分たちを奮い立たせているのだ。

渥美主担当員にもそれがよくわかった。

トヨペット店の社長・車両部長は、バスで会場から社内テストコースの新型車試乗会へと移動した。社内関係者は一足先にテストコースへと直行し、バスの到着を待った。そこには、午前中に製品企画室と十分な打ち合わせと確認を済ませた、運転手を務める車両試験課のドライバーと試乗車が待っていた。

各販売店の社長・車両部長の試乗感想はおおむね好評であったが、新型車の細部について各店個別の注文も付いた。製品企画室のスタッフは、手分けして、クルマに詳しい、販売の勘の鋭い、大物車両部長に感想を聞いてまわり、ノートにメモした。有力販売店の社長、大物車両部長の中に、商品計画室と一緒に訪問したトヨペット店の顔見知りの社長、車両部長が多くいて、渥美主担当員にとって話を聞きやすかった。夜にはホテルに会場を移し、決起集会と懇親会が開催された。二次会でも、渥美主担当員は顔見知りの車両部長と十分に意見交換ができて満足であった。

販売店内示会の二日後、全国トヨペット店のサービス部長会議が開かれた。

そこでは、新型車紹介、試乗会、サービス方針と必要な技術対応の意見交換がなされた。サービス部長は全国販売店の技術サービス部門の責任者の呼び名で、技術担当取締役が務めることが多い。

サービス部長会議後の試乗会では、新型車の細部について技術上の辛口の注文が付く。製品開発室のスタッフは、今回も手分けして、特に辛口で有名な販売店のサービス部長とお付きのサービス課長にいろいろと質問をしてまわり、その意見をノートにメモした。サービス部長会議の後にはホテルに会場を移し、懇親会が開かれた。

記者発表会の一週間前、トヨタ自工では会長、社長以下の記者発表会出席予定の全役員、製品企画室スタッフ、広報部スタッフが一堂に会して、記者発表会の資料チェックと発表リハーサルとが行われた。

「『実質的な高品質・高級さ』とは具体的に何を指すのか」

記者に配付するニュースリリース案を広報部長が読み始めて、最初のページの後半にさしかかった時に、社長が待ったをかけた。あわてて若松広報部長と深谷主査が説明を加えた。

広報部長が第二ページを読み進むと、社長が再び待ったをかけた。社長が社外公表資料に細心の注意を払っていることが誰の目にも明らかであった。

「ご指摘のとおりに修正します」

そう答えると、広報部長は次を読み始めた。

記者発表資料の役員チェックが終わって、広報部の会議室に広報部の若松部長、福江課長、製品企画室の深谷主査、今春から加わった新任の島本主査、渥美主担当員が集まって、役員指摘の修正点についての対応を協議した。修正点は数多く、ニュースリリースの字句だけではなく、配布用の資料と写真、発表用スライドにも及んだ。修正した写真とスライドは記者発表会当日に記者発表会場で受け取ることにし、それを記者発表会場へ運ぶ担当者を東京、名古屋、大阪ごとに指名した。

「夜遅くまでかかりそうだ。夕食は広報部持ちで用意しましょう」

若松部長はそう言って部屋を出ていった。

一般紙、業界紙、一般雑誌、業界雑誌、週刊誌などの記者に対する、新型マークⅡ（三代目マークⅡ）の記者発表会は、昭和五十一（一九七六）年十二月十七日の同時刻に、東京、大阪、名古屋の三会場で開かれた。

東京会場にはトヨタ自工社長、トヨタ自販社長を含む工販役員、製品企画室長と深谷主査が、名古屋会場にはトヨタ自工副社長、トヨタ自販副社長を含む工販役員、製品企画室副室長と島本主査が、そして大阪会場にはトヨタ自工専務、トヨタ自販専務を含む工販役員、製品企画室副室長と渥美主担当員が、それぞれ出席した。記者発表は午前に一般紙記者団、午後に業界紙・業界雑誌の記者団と、二回に分けて行われた。

大阪会場で開かれた記者発表会では、午前の一般紙記者向けの席で、トヨタ自工専務がニュースリリースを読み上げながら新型マークⅡのポイントを記者団に紹介していた。

「今回のマークⅡは、…その設計・開発のテーマを『真のゆとりと豊かさ』とした…」

ニュースリリースの説明がそこまで来た時、渥美主担当員は頭の血がいっせいに引いていくのがわかった。

――それは間違いだ、『真の豊かさとゆとり』であったはずだ。小型上級車の『真の豊かさ』とは何かを商品計画室、国内企画部、製品企画室で徹底的に議論し、『豪華さよりも、実質的な高品質・高級さ』

を追い求めたことを表現したかったのだ。

その時になって初めて、原稿を事前チェックし広報部へ渡した渥美主担当員がニュースリリースの誤植に気づいた。穴があったら入りたい気持ちになった。

記者発表会の質問では、一般紙記者向けの場合にはトヨタの経営戦略、社会問題への対応など、業界紙・業界雑誌記者向けの場合にはトヨタの技術開発などが話題となり、新型車に関しては午前、午後とも軽量化と合理的設計の中身に関する質問が多く、オイルショック後の社会の関心がそこにあることをうかがわせた。

記者発表会は新聞記者、雑誌記者を招待しての新型車発表会である。記者発表日は、同時に、発売日であることが多い。記者発表では、新聞記者への便宜を図るため、自動車メーカー広報部から新型車のニュースリリースと写真を配布する。ニュースリリースと写真は手を加えずにそのまま新聞記事にできるもので、記者にとっての便利なニュース材料である。逆に言えば、便利なニュースリリースと写真とを提供し、しかも大ニュースがなく紙面の空いている日に当たらないと、なかなか新型車発表を記事にしてはもらえないということになる。

記者発表に一週間遅れて、自動車評論家、自動車雑誌記者を招待しての新型車試乗会が箱根で開かれた。招待された約二十人の評論家、雑誌記者はトヨタ自工が用意した試乗車十台で東京を出発し、トヨタ自販広報部に案内され、道中で試乗検討を重ねながら、夕方箱根の富士屋ホテルへ到着した。トヨタ自工広報部、製品企画室、設計部などのスタッフは富士屋ホテルで出迎えた。

自動車雑誌記者は独自に写真撮影と試乗を行い、自分で記事を書くことが多いので、自動車メーカーは記者発表会後の一～二週間に試乗会を開催し、また試乗車を貸与するなどの便宜を図ることが多い。

招待客は、夕食を挟んで夜遅くまで、トヨタ自工の製品企画室、設計部などのスタッフに質問をあびせ、自分の質問・意見に対する説明を求めた。翌朝再び、製品企画室などのスタッフを助手席に乗せながら、箱根の急勾配のワインディング道路での操縦安定性や静粛性を確認しながらスタッフと意見をたたかわせ、また車両内部をのぞき込んでは説明を受け、写真撮影を繰り返した。

富士屋ホテルでの昼食を終えて、試乗会は終了した。

「発売直後の、新型車がまだ出まわっていない時に、新型車で走りまわることが大きな宣伝効果を生む。これは新型車の宣伝といち早い評価・対策に有効な方法だ」

製品企画室は、発売後にできるだけ早く、新型マークⅡの自家用ナンバー付き新車を購入し、社内関係者に貸し出して試乗評価と問題点指摘をしてもらい、製品開発の結果を確認したかった。

「時間の都合の付くかぎり、とにかく長距離を走ってください。そして、お気づきの点を必ず試乗評価表に記入して、返車の時に製品企画室へ提出してください」

製品企画室が作成した試乗スケジュールに沿って、社内関係者に新車を貸し出した。製品開発の経緯をよく知っているだけに、社内関係者の試乗評価と問題点指摘は的を射ていた。

発売直後の新型マークⅡがまだめずらしかったので、社内関係者が運転する新型マークⅡには注目が集まり、信号待ちの交差点で並んで止まっている隣の車からのぞき込み、駐車場で人だかりができ、繁華街を歩く人が振り向いた。

春以来、マークⅡのイメージを一新するモデルチェンジにふさわしい広告宣伝を模索していたトヨタ自販宣伝企画部は、それまでのような自動車メーカーに語らせる広告をやめて、自動車メーカーと関わりのない、しかし自動車に一家言をもつ一般の人に自由に新型車を語らせる新企画を思いついた。

「明日からはじまるNEWマークⅡの広告は私たちが作ります」

新型マークⅡの発表・発売を迎えた最初の日曜日の主要紙朝刊に、「マークⅡ五人の会（NEWマークⅡを自由に語るグループ）」の半ページ広告が載った。車両の構造計画図のような、フリーハンドで描かれた絵が広告を埋めた。デザイン部出身の深谷主査が描いた絵であった。

「NEWマークⅡ。ひとことで言えば、味のある車という感じ」

「クルマにも味が問われる年です。NEWマークⅡ」

「NEWマークⅡの乗り心地には、試乗者全員が満足です。だけどこの味、若者たちにわかるかな？」

「NEWマークⅡ。スタイルが好評で、ヨーロッパの味があると言われています。だがよく見ると、非常に日本的ですよ」

「ＮＥＷマークⅡの走りの味は、やはり『絹のように滑らかな走り』という言葉で表現したい。私たちの実感です」

次々と、「マークⅡ五人の会」の意見広告が続いた。

初めは新型車のティザーキャンペーン（少しずつ見せて行く広告方法）のようにも見え、しばらくすると一般ユーザーの批評のようにも見えて共感を呼び、「マークⅡ五人の会」の広告は話題を呼んだ。今までに見たことのない、新しい広告形態であった。

「うちの息子に聞いてみたところ、息子の中学校でもいま話題になっているそうですよ」

販売店の営業所長が言った。

「それはいい。だいたい、新車広告は男子中学生の認知度が九十％を超えたら大成功なんだ。中学生が買ってくれるわけではないが、そのくらい話題になっていると、ターゲットの顧客にも十分認知されていると考えて良い」

車両部長が経験を踏まえて答えた。

「『マークⅡ五人の会』は誰なんだ？　はたして実在するのか？」

引きも切らず寄せられる問い合わせに、後日、トヨタ自販は「マークⅡ五人の会」の実名を公表した。

トヨペット店の店頭発売会は、昭和五十二（一九七七）年一月二十二日（土）と二十三日（日）の両日に、全国いっせいに開催された。

販売店での店頭発表会は、発売後に各販売店営業所に新車が行きわたるのを待って、土曜日と日曜日に開催される。そのため、記者発表より三～四週間遅れとなることが多い。

新型ローレルの店頭発表会は、新型マークⅡの店頭発表会直前に、すでに開かれていた。

ライバルのローレルは二月発売の予定でモデルチェンジを進めていたが、新型マークⅡ発売の情報をつかんで、一月上旬に発売時期が繰り上げられた、との噂があった。

「日産の社長が急遽発売繰り上げを指示したそうだ」

新型マークⅡの記者発表の直後に、情報がもたらされていた。

新型マークⅡ担当の製品企画室の主査付は、国内企画部、品質管理部、トヨタ自販の商品計画室、車両販売部のスタッフと組んで、全国に飛び、販売店営業所をまわり、店頭での餅つき大会に飛び入りで参加し気勢を盛り上げると同時に、顧客の反応を聞いてまわった。その情報は、そのうちに必ず来るはずの、新車効果や販売の勢いが衰えた時に打つ商品力強化対策への参考資料となるからである。

「営業所への顧客動員数（案内を受けて、実際に営業所へ出かける顧客数）はふだんのモデルチェンジの三倍ぐらいある。ライバルのローレルの店頭発表会よりも多い。動員数の十分の一が査定（新車購入のための下取り価格の査定）に入っている。査定の十分の一が受注に結び付くだろう」

「ローレル発表会を見てきた客が多く、ローレルより良いとの声が多い」

「新型車は好評、客の関心は高い、ディーラー（販売店）は満足」

東京は雪であった。顧客動員数は、天気が悪ければ伸びない、あまり良くても遊びに出かける人が多くて伸びない。

「朝悪く、昼から回復するお天気がイベント日和なんですよ。朝から良かったら、皆遊びに行ってしまう」

車両部長は、そう言って、渥美主担当員に教えた。

最悪の雪にもかかわらず、東京と千葉の販売店では、各営業所から朗報が次々と車両部長のところへ集まっていた。

――これは行けるかもしれない。

トヨタ自販商品計画室、トヨタ自工国内企画部と一緒に販売店と営業所をまわっていた、製品企画室の渥美主担当員はほんの少し安堵を感じた。

「来客からの査定申し込み数はどのくらいあるか。申し込み数だけでなく、申し込み数の伸び率は頭打ちになっていないか」

販売店では、社長、車両部長を中心に、営業スタッフが忙しく立ち働き、各営業所長からの電話連絡を受けていた。来店したお客は、新型車を見て購入希望を持つと、まず自分の乗っている車の下取り価格を査定してもらい、新車価格との差額（追い金と呼ぶ）を見積もってもらうのが常である。これを査定と呼んでいる。経験的にみて、来店者数の一定割合が査定を受け、査定を受けたお客の一定割合が一週間以内に購入へと進む。自動車のような値がさ商品では来店してすぐその場で購入決定となることはない。

「来店者数に占める査定数の比率が大きいということは、それだけ新型車の人気が高いことになり、査定数がわかれば店頭発表会による販売台数も予測できるのです」

車両部長は、店頭発表会は初めてという、渥美主担当員に販売の読み方を説明してくれた。

「しかし、販売台数の伸びだけではだめですよ。販売の勢い（伸び率）が発売後のどこまで持続するかが問題なんです。渥美さん、『販売は勢い』、そういうものなんだから。伸び率がゼロになる前に手を打たないと回復できなくなりますよ」

技術屋である渥美主担当員にもそれはわかった。

新商品が売れて初めて製品開発は成功といえる。売れるためには、新商品の商品魅力とお買い得感だけでなく、製品開発中の細心の注意に加えて、発売後のすばやい対応も欠かせないのである。

新型マークⅡへの販売店の評価はおおむね好評であった。外形スタイル、特にそのサイドラインがたいへん好評であった。

「シンプルで飽きが来ない」

という意見が圧倒的に多かった。

フロント視界を広くするために、インストルメントパネルを低くしてフェンダー先端まで見えるようにし、リアウインドの窓下線を下げて後方視界をよくし、ベルトラインを下げてガラス面積を大きくし、明るい室内にしたことも予想どおり好評であった。静粛性、乗り心地、操縦性、ブレーキの効きもまた好評であった。一方、モデルチェンジの目玉と考えていた、最高級グレードのグランデと六人乗り車型の設定についてはあまり積極的な評価が得られなかった。

新型マークⅡの全国新車販売状況は、小型車市場全体（小型上級車および小型下級車）において、発売翌月、昭和五十二（一九七七）年一月こそわずかな差で二位（七八八九台）となったものの、その後は、二月一三二九〇台、三月一八一六九台、四月一一八二二台、五月一一五三二台、六月一三一八〇台、七月一五三二七台と、一位を独占し続けた。特に、東京、神奈川、大阪、京都などの大都市圏では、ライバルに対してダントツの強さであった。初代マークⅡの発売当初を除き、このような快進撃と高い販売シェアはマークⅡにはめずらしいことであった。

小型車市場の中では、当然ながら、価格の高い小型上級車よりも、価格の安い小型下級車の方が多く売れる。ところが、新型マークⅡは小型上級車および小型下級車市場のトップを確保し続けた。

初代と二代目のマークⅡの販売台数が少なかったため、三代目マークⅡが発売されても、旧型マークⅡから新型マークⅡへ買い替えるブランドロイヤルティの高い母集団は小さかった（自己代替需要が少ない、という）。旧型モデルが売れなかった場合には、新型モデルは、ブランドロイヤルティの低い、他車のユーザーを狙わなければならない。販売店とセールスマンにとって、これは大変な努力を必要とすることである。旧型モデルの販売台数が少ないということは、その期間、販売店とセールスマンが販売への自信を失っていたということでもあるから、なおのこと大変である。

新型マークⅡは、発売から三ヵ月で、目標販売台数の一〇〇〇〇台／月を超え、販売台数一三〇〇〇台／月（販売シェア三十％）を達成し、ほぼ同時にモデルチェンジをしたライバルのローレルの販売台数九〇〇〇台／月を超えた。また、新型マークⅡの発売は小型上級車市場の規模を従来より三十％も拡大する結果となった。これは、新型マークⅡの魅力が小型下級車のユーザーを惹きつけ、新型マークⅡへの乗り換えを促し、小型下級車から小型上級車への移行を促したことを意味する。これまでマークⅡに見向きもしなかった客層、特に女性層を含む幅広い客層の支持を得て、三代目マークⅡは健闘した。一方、小型上級車の市場規模が三十％拡大したにもかかわらず、ローレルとスカイラインの合計シェアがそれまでの五十七％から四十七％へと減少した。

販売台数累計が三万台を超えると、街中でも新型車を見かけるようになる。渥美主担当員は、対向車線を走ってくる新型マークⅡを見つけると、車のスピードを落としてじっと眺めていた。隣の車線を走っている新型マークⅡを見つけると、信号待ちで隣に並んでのぞき込んだ。駐車場で新型マークⅡを見つけると、近づいてリアフェンダーからラゲージドアの曲線をなでてやりたくなった。二、三台のマークⅡが同時に視界に入ってくると、渥美主担当員はたまらなく幸せな気分になった。

「自分が担当した車なら、どこが、いつ、どのような理由でそうなったのか、全部知っている。自分の子供でもそこまでは分からない」

渥美主担当員は新型マークⅡへの思いを、質問した自動車雑誌記者に、そう答えた。

新型マークⅡの初期市場調査が実施された。初期市場調査は新商品が市場全体に行きわたった頃をみはからって行われる顧客による商品評価で、自動車の場合は発売からほぼ六ヵ月後となる。自動車メーカーの依頼を受けた調査会社が実施するもので、大きな会場に新商品と比較商品とを並べて、無作為抽出で出席を依頼された顧客が商品を比較検討し、アンケート調査に答える形式を採る。

「新商品についてご意見をうかがいたく、〇〇日（日）に某ホテルへお越しいただきたい。些少ながら、当日のお礼と交通費をお支払いいたします」

との案内が来れば、それは初期市場調査のサンプリングで抽出されたことを意味する。

新商品を開発したメーカーにとって、初期市場調査は新商品の対策、強化策のための重要な資料であり、次のモデルチェンジの参考資料でもある。

製品開発では、事前に様々に手を打っておいても、期待と大きくくずれる機会がある。それは、試作設計図から試作品になった時、試作品から生産試作品になった時、そして生産試作品から生産品になった時、の変わり目である。そのために、試作品、生産試作品に対してはそれぞれ評価検討と不具合対策が施され、生産品に対しては初期市場調査と初期品質問題対策が行われる。発売直後の品質問題は早期発見し早期対策しないと、新商品に回復不可能な致命傷を与えかねない。

発売から半年以上を経て、新型マークⅡの商品力と販売力をほぼつかみ切ったところで、有力トヨペット店の車両部長に集まってもらい、新型マークⅡに関する販売店意見を集約する会議が東京と大阪で開かれた。トヨタ自販商品計画室、トヨタ自工の国内企画部と製品企画室が出席した。

「今までに経験したことのないくらい、販売は好調だ。ライバルのローレルを圧倒している。新型マークⅡは、スタイル、機能面ともすばらしく、商品価値も高く、息長く売れそう」

「ライバルのローレル、スカイラインを食っている。かつてのマークⅡイメージは一新された。二十年間見てきた中でもっとも良い車だ」

「バランスのとれた、欠点のない、売りやすいヒット作だ。車格が高いのに、大衆車層からも吸引できる」

「販売店として惚れこんでいる。セールスマンがまず惚れて、社内購入者が急増したが、こんなことは今までになかった」

「上品、簡素で粋なヨーロッパスタイルを今後も磨き上げてほしい。永遠に続けてほしいとの声もある。車を大きくしたが二灯式ヘッドランプを採用した、というのは今日の世相に合っている」

「ヨーロッパ調で上品なスタイルは中高年層に非常に好評だ。ただし、若年層には重厚すぎる。高いHポイントは心理的に不安定、インストルメントパネルがシンプルすぎる、ステアリングホイールの握りが細い、ラゲージが浅くてアコーディオンが入らない、などの声がある」

「四輪独立懸架は実にすばらしい、操舵と走行安定性が良い、とスカイラインユーザーも言っている。まさにカタログどおりで、それは今までになかったことだ。四輪ディスクブレーキの効果は四輪独立懸架の陰に隠れてしまっている」

「静粛性と視界の良さに過半数が満点を付ける。乗り心地やハンドリングなど、お客の試乗感が非常に良い」

「六人乗り車、ワゴンはあまり売れない。ＬＰＧ車、教習車を発売してほしい。教習所でマークⅡに乗った人は潜在需要層になる」

各販売店の車両部長、マネージャーの評価は上々であった。売れない場合には、どうしても商品力不足のせいにし、ライバル車との差異をあげつらい、ないものねだりをしがちであるが、そんな雰囲気はまったくなかった。二灯式ヘッドランプの心配も杞憂に終わった。

# 第8章 販売シェア五十％を獲るには

## 双子車追加と情報漏えい

「ライバルの日産のローレル、スカイラインに対抗し、小型上級車市場で念願の販売シェア五十％を獲るには、マークⅡ一車種だけでは足りない。マークⅡを補完するために、販売チャネルを変えてもう一車種追加しなければならない」

トヨタ自販は、マークⅡ次期モデル開発の初めから、一貫して主張していた。

「マークⅡを二チャネル販売の双子車とはしない」

と、一年前に工販の会議でトヨタ自工とトヨタ自販の意思が合意された後も、トヨタ自販のその主張は変わらなかった。トヨタ自販商品計画室も、機会あるごとに、トヨタ自工製品企画室にその意思を伝えていた。

マークⅡ次期モデルの開発期間中に毎月一回以上は開かれた、その車種構成（車型、グレード、仕様など）や販売方針の会議でも、三回のうち一回は、会議の最後にトヨタ自販商品計画室から「もう一車種」の話が出されていた。

――これは、もう一車種の開発の借りがあることを忘れないでくださいよ、というシグナルにすぎない。

製品企画室の深谷主査は、そう思いながら聞き流し、まさかそれが現実となるとは考えてもいなかった。

「懸案のもう一車種をマークⅡの双子車で造ってください。販売シェア五十%獲得のためには、双子車にもセダンとハードトップの両方が要ります」

マークⅡ次期モデル開発が軌道に乗って試作車の評価と対策も始まった頃、国内企画部がトヨタ自販商品計画室とともに製品企画室を訪れて、突然に言い出した。

「同一車種を二チャネルで販売すればいいじゃないか。マークⅡをトヨペット店以外のチャネルでも売れば良い。今、開発が一番忙しい時になって、開発工数もないところへ、要求してくるようなことではない」

深谷主査は、口ではそれを強く一蹴したが、すでに秦野室長から工販トップの意向を得ていて、断固拒否の態度はとらなかった。

「製品企画室の秦野室長と合意の上で、車種構想、予想販売台数を急ぎまとめるのが先ですよ」

しだいに、深谷主査は態度を軟化させて行った。

「マークⅡ次期モデルのフロント周り、リア周りのデザインを変えて、双子車を造る。双子車はセダンとハードトップの車種構成とし、マークⅡ次期モデル発売の一年後に、別チャネルで発売する。車名は近々に提案する」

このたびは、トヨタ自販トップの強い要求にトヨタ自工トップ、国内企画部、それに製品企画室も折れた。各販売チャネルにどの車種を持たせるかは、トヨタの販売シェアの問題であると同時に、各販売チャネルの利益、経営の問題でもある。販売店の利益を確保するために、トヨタ自工もトヨタ自販の意見を受け入れなければならなかった。

マークⅡ次期モデルの開発がもっとも多忙な時期にさしかかった、この時期に深谷主査は新車種「マークⅡジェミニ（マークⅡの双子車種の意味）」の開発構想を指示し、関係各部・各社を集めて、開発構想、車種構成・仕様、開発大日程の説明会を開くことになった。

マークⅡジェミニについての、製品企画室の「開発構想」は次のように簡単なものであった。

小型上級車市場が二年後も三五〇〇〇台／月以上（好不況にかかわらず安定的）を維持する、販売シェア五十％を獲るためにもう一車種（マークⅡジェミニ）が必要である、ボデー型式はセダンとハードトップとし、搭載エンジンはM、M－Eの各エンジンと四気筒エンジン（一八〇〇ｃｃ）、トランスミッションはフロアシフトとし、マークⅡ次期モデルの外形スタイルのフロント周りとリア周りを一部変更してイメージチェンジを図る、設備投資用の生産規模は三〇〇〇台／月、発売時期はマークⅡ次期モデルの翌年、すなわち、それまでの昭和五十一年度排出ガス規制よりも一段と強化される昭和五十三年度排出ガス規制に合わせた新型車を生産・発売する時期とする、などであった。

外形スタイルは、マークⅡ次期モデルのクラシック（「ヨーロッピアンエレガンス」と呼ぶ）に対し、モダン（「アメリカンテースト」と呼ぶ）を狙うものとした。マークⅡ次期モデルから変更して新設する部位は、外形スタイルではラジエーターグリル、フロントエンドパネル、フードパネル、ラゲージドア、リアエンドパネル、リアコンビネーションランプ、ホイールキャップ、内装デザインではインストルメントパネルおよびメーター、シートおよびドアトリム、ステアリングホイール、にとどめることにした。

マークⅡ次期モデルの外形スタイルのサイドラインをそのまま残し新設部位を限定した変更では、販売に大切なデザイン印象を変えることにも限界があった。それでも、デザイン審査では、この効率的な、しかし効果は限定的な、意匠案を好評のうちに承認した。

「まず追加車種を確保することが第一、そして小型上級車の追加で販売チャネルの経営を支援できることが大切である」

トヨタ自販トップはそう割り切っていた。

マークⅡジェミニの新車種の車名（ネーミング）には、トヨタ自販が大切に温存してきた車名「シグナス（Cygnus, 白鳥座、英語）」が提案され、トヨタ自工トップもそれを了承した。

トヨタ自工とトヨタ自販は、その本格的な乗用車クラウン以来、乗用車には「C」で始まる英語名を車名に使ってきた。コロナ、カローラなどである。

トヨタのその方針を察知してか、同業他社が「C」で始まり車名に使えそうな英語名、ドイツ語名、フランス語名、スペイン語名、イタリア語名を多く商標登録していた。その点については昔からおっとりしていたトヨタが気づいた時には、使えそうな自社の商標登録は限られたものになっていた。

シグナスは数少ないトヨタ手持ちの登録済み商標であった。トヨタ自販は長い間待っていた新車種にその大切な車名を使おうと考えたのである。

マークⅡジェミニの開発が順調に進んで、その発売まで約一年に迫った時期に、ライバルの日産が小型下級車のモデルチェンジを新聞、雑誌などへ記者発表した。それはマークⅡジェミニのライバルではなかったが、その記者発表を受けた某新聞が新型モデルの紹介の記事で、憶測によってか漏えい情報をつかんでか、トヨタの新型車開発計画についても触れた。

「日産のモデルチェンジで小型市場の競争はいよいよ激しくなる。ライバルのトヨタも対抗車の開発を進めており、対抗車の車名はシグナスである」

対抗車としたところは違っていたが、トヨタの新車種がシグナスの車名を使うことに間違いはなかった。

「このままシグナスの車名で発売すれば、某新聞の情報が正しかったと認めることになり、情報漏えいがなされている、と認知されることになる。それはなんとしてでも避けなければならない。車名変更を提案しよう」

国内企画部、トヨタ自販商品計画室はシグナスをあきらめ、新たな車名案の検討に入った。車名の検討は、本来の意味や響きのほかに、他社の商標登録がないか、隠語や俗語でいかがわしい意味がないかなど、調査に時間と費用のかかるたいへんな作業である。

車名の漏えいによる変更提案は、開発チームの責任問題でもあり、早々に国内企画部、トヨタ自販商品計画室が「セイバー（Saber, 騎兵、英語）」をそれぞれの社内で根まわしし、工販トップの了承を得た。

それから三ヵ月後のある日、国内企画部の祢津係員が一冊の自動車雑誌を持って製品企画室へ駆け込んできた。その雑誌の「スクープ」と太字で大書したページには、外形スタイルを隠すように覆面を施した試作車がテストコースに入ろうとする、粒子の粗い写真が載っていた。渥美主担当員が急いでその記事を読むと、全長、全幅、全高、ホイールベース、トレッドなどの主要寸法が書いてあり、「小型上級車市場でスカイラインに対抗するトヨタの新車種『セイバー』だ」と解説してあった。しかし、詳細に読むと、記事の半分ぐらいは開発中のマークⅡジェミニと違っていた。

「もっともらしく見える記事も、半分ぐらいは間違っているもんだね」

渥美主担当員が祢津係員に聞いた。

「渥美さん、彼らは、本当は知っていて、わざと間違い記事にしているのかもしれませんよ、出所を探られないように」

祢津係員が用心深く答えた。

「詳しい情報を持っている中枢から漏れているに違いありませんよ。どこから漏れているか、至急調べなければならない。渥美さん、最近、雑誌社の人に会っていませんか、ここに書いてある主要寸法を話した相手は誰と誰ですか」

祢津係員は、そう言って、渥美主担当員をも疑うような目つきをした。

たしかに、製品企画室は新型車開発の中枢にあり、詳細な情報を持っている。しかし、冷静に考えてみれば、情報が漏れてもっとも困るのは製品企画室である。だから製品企画室が情報を漏らすはずがないのに、真っ先に疑われることになる。

「そんなことを他人に話すわけがないじゃないか。それに、もし情報が漏れたら、真っ先に疑われるのは製品企画室に決まっているから、製品企画室の人間が漏らすわけがないよ」

渥美主担当員はむっとしながら答えた。

社内調査の結果、写真はテストコースの向かい側にある高所から望遠レンズで撮られたこと、配布先を記録して限定配布した重要資料の一部が行方不明であること、がわかった。

車名を三たび変更することになった。国内企画部、商品計画室が持ってきた車名候補の中から、製品企画室も入って、「チェイサー（Chaser, 追跡者、英語）」を選んだ。

「三度目なのに、こんなに良い車名がよく残っていた、と思う。もう漏れないように、発売までこの車名を使わずに、マークⅡジェミニと呼ぶことにしよう」

渥美主担当員が国内企画部、商品計画室へ提案した。

三度目の新車名も工販トップに了承された。

マークⅡジェミニと呼ばれてきた、新車種チェイサー（初代チェイサー）は、三代目マークⅡの発売に半年遅れて、昭和五十二（一九七七）年六月二十四日に記者発表され、同日に発売された。マークⅡと双子車ながら、ブランドニューの車であった。

初代チェイサーは、三代目マークⅡにはない四気筒エンジン（一八〇〇ｃｃ）も含めて、昭和五十三（一九七八）年四月から実施される予定の昭和五十三年度排出ガス規制に適合した車として、規制に九ヵ月先行して発売され、それと同時に、三代目マークⅡも昭和五十三年度排出ガス規制適合エンジンを搭載するためのフェースリフトを実施した。

初代チェイサーは、トヨタ販売店系列の最後にできた第四の系列の、オート店の専売車種となった。

「今までは店頭に見えたお客にコカコーラを出していたが、チェイサーのお客にはコーヒーを出すんですね」

オート店の営業所長はそう言って笑った。

これまでのオート店は、大衆車スプリンターを主力商品として取り扱い、若者と若いカップルをターゲットユーザーとしてきた。彼らはラフな服装とサンダル履きで営業所に現れ、応対する若いセールスマンもコカコーラを勧めながら商談に応じていた。しかし、小型上級車のチェイサーのターゲットユーザーは、これまでのオート店の顧客とまったく違う、スーツを着た中年の紳士である。オート店は、お客への対応を変えるだけではなく、それまで抱えてきた顧客とまったく違う顧客を新たに集めなければならなかった。それには長い時間が必要であった。ブランドニューの新車種には、市場に大きなインパクトを与える効果とともに、新しい顧客を創り出し育てるという困難もついてまわることになる。

「オート店は、値がさの低い大衆車しか扱っていないから、経営が安定しないのだ。もっと利益率の高い小型上級車を取り扱いたい」

　そもそも新車種チェイサーがオート店扱いとなった背景には、そういうオート店の不満を解消することがあった。しかし、上客を集めるには小型上級車を取り扱うことが必要だが、小型上級車を取り扱うようになれば明日から上客が集まる、というものではない。取り扱い商品の価格が上がるほど、顧客の購買動機は保守的になり、長年の信用と口コミ情報が威力を発揮するからである。営業には長い年月をかけて築いた実績と信用とが必要なのである。


　初代チェイサーの店頭発表会では、オート店始まって以来の動員数を記録した。スプリンターを買いにきたはずのお客が、チェイサーの価格とスプリンターの価格とがあまり違わないのを見て、代わりにチェイサーを買って帰った、ということも多かった。

　しかし、発売から三ヵ月たっても、オート店にスーツ姿の上客はなかなか集まらず、集まるのはこれまでと同じサンダル履きの顧客だけであった。

「お客は集まっているが、チェイサーは売れない」

「マークⅡは売れていますが」

「マークⅡが売れているのはマークⅡがチェイサーより良いからだ」

「お言葉ではありますが、マークⅡとチェイサーは双子車ですよ。売れないのはオート店にも問題があるのではないですか」

「マークⅡと変更したところはどれもマークⅡの方が良い。チェイサーのラジエーターグリルもリアコンビランプもマークⅡのようにしてほしい」

「それではマークⅡと同じになりますよ。チェイサーがマークⅡと同じになっても、オート店はかまわないんですか」

いつも、オート店の車両部長、営業所長、トヨタ自販のオート店担当の車両販売部の側と製品企画室、国内企画部、トヨタ自販商品計画室の側との言い争いになった。

「オート店は、たとえチェイサーに不満があったとしても、まずはこのチェイサーを売って実績を挙げて、その実績を基に次の要求をしたらどうでしょう」

製品企画室もオート店の車両部長、営業所長たちに迫った。チェイサーの販売目標三〇〇〇台／月の達成は今や絶望的となった。

小型上級車市場の販売シェア五十％を獲るためにマークⅡの販売価格を低く抑え、マークⅡの販売価格を低く抑えるために設備投資額を低く抑えた。設備投資額を低く抑えても、もしマークⅡが目標販売台数を達成できなければ、設備投資額の台当たり償却負担が増え、販売価格を押し上げ、利益率を押し下げることになる。その危険を避けるために、マークⅡ次期モデルの開発終盤の忙しい時に、マークⅡジェミニの製品開発を受け入れて努力したのであった。

――それなのに、このままではあの努力が水の泡になってしまう。

そう思うと、渥美主担当員は居ても立ってもいられなかった。

それでも初代チェイサーの追加投入の影響は大きかった。三代目マークⅡが軌道に乗り初代チェイサーが途中から加わった、昭和五十二（一九七七）年の小型上級車市場の販売シェアはマークⅡ三十％、チェイサー四％、ローレル・スカイライン連合四十八％で、トヨタと日産が接近した。

その後も、チェイサーの三五五〇〇～三六八〇〇台／年が加わり、マークⅡの一一九七〇〇～一四二一〇〇台／年と合計すると一五五二〇〇～一七八九〇〇台／年となり、トヨタ勢の販売シェアは四十％にまで上がった。ライバルのローレルは八六八〇〇～九七三〇〇台／年で、スカイラインと合計すると二四二一〇〇～二四三四〇〇台／年を維持していたが、トヨタの対日産比率は七〇％前後にまで上がっていた。

社内の管理者向け教育講座が開かれて、渥美主担当員はひさびさにゆったりとした気分で社内教育に参加した。大量生産方法において、フォード方式に代わる、トヨタ生産方式の生みの親と呼ばれる生産担当副社長の講演であった。

「一年一作、作れる時に作って貯蔵しておく、これはいわばロット生産で、農耕民族の考え方だ。これに対し、定常的に生産を続ける流れ生産がもっとも効率的だと考えたのがヘンリー・フォードだ。昭和二十年代のトヨタは、コンベアはあれども、実質はロット生産だったのだ。本当の意味の流れ生産は時間均等でなければならない」

「生産量が増えれば安くなるというのは間違いで、適正生産量がもっとも安い。段取り替えに時間のかかる部品ではついつい一回の生産量を上げてしまい、在庫管理にコストがかかることになる。過ぎたるは及ばざるより悪し」

「要る物が要る時にある、それが必要で、要らない物を造っても仕事とは言えない。一生懸命やればいいじゃないか、と人は言うが、それは日本人の甘さであり、管理能力のなさでもある」

「不良品を造るくらいなら、機械を止める、コンベアを止める。これが『自動化』でない『自働化』だ」

「もっともムダを少なく、ということは、必要な品質を、必要な量だけ、必要な時に、もっとも少ない時間ともっとも少ない労力でやることである」

渥美主担当員はトヨタ生産方式の真髄を聞いた思いがした。

副社長はトヨタ生産方式を生み出すまでの長年の努力についても語った。

「『科学的』というのは知識を持つことではない、『なぜか』という疑問を持つことだ。人は疑問を持っている間だけ進歩する。何を見ても『おかしい』と思えるように、頭をいつもフレキシブルにしておくことが必要だ。『なぜか』を五回繰り返して初めて、本当の原因がわかるものだ」

「失敗した時には人は反省する。しかし、うまく行った時にも『なぜうまく行ったのか』と反省することが大切なのだ。それで初めて、『どうすれば良いのか』を本当に理解できる」

渥美主担当員は、先人の真似ではない、新しいものを生み出す時に共通するコツを聞いたような気がした。

# 第四部

# 再挑戦への企画

# 第9章 トヨタらしくない車を

## 多様化への対応、新市場開拓

昭和五十二（一九七七）年、三代目マークⅡの販売が軌道に乗り、初期市場調査もやっと済んだ頃、マークⅡとチェイサーの次期モデルチェンジの話がトヨタ自工・トヨタ自販内で始まった。

「マークⅡとチェイサーだけでは販売シェア五十％を獲得できない。マークⅡやチェイサーではスカイラインに勝てない。スカイラインに勝つためには、これまでのトヨタらしくない新車種『N車』（ブランドニューの略称）が必要だ」

四代目マークⅡと二代目チェイサーのモデルチェンジ企画を前にして、トヨタ自販内部にそういう意見が広く、しかも強く挙がってきた。

「高いプレスティージ（誇り）と若いイメージを持つ車で、少ない販売台数でもトヨタのイメージアップにつながる車をほしい」

それこそが「これまでのトヨタらしくない車」であった。

それはトヨタ自販の市場分析結果にも基づいていた。

「小型上級車市場の規模はなお拡大基調にあり、昭和五十五（一九八〇）年には四五〇〇〇台／月にまで伸びる。社会の多様化に伴って、自動車市場も多様化するはずである。たび重なる石油危機もあって、省資源、省エネルギー、安全重視の風潮が強まる。そのような社会的要請に応えなければならない」

「マークⅡとチェイサーだけでは、販売シェア五十％にも、多様化する市場にも対応できない。トヨタのウイングを広げる必要がある。そのためには、これまでのようなトヨタ車をいくつ出してもだめで、トヨタ車とは違うテースト（味付け）の車を出さなければ意味がない」

トヨタ自販はそう主張した。

国内の小型上級車市場では、トヨタ、日産、その他の自動車メーカーの販売シェアを合計すれば一〇〇％になる。なぜトヨタだけで一〇〇％にならないのか、なぜトヨタ、日産、その他の車に選択が分かれるのか。それは顧客の好みや考えがそれぞれ違い、顧客とメーカーの長年の付き合いもあって、顧客の選択する車種とメーカーが分かれるからである。それは、顧客の車に対する好みや考えだけでなく、メーカーの車づくりの姿勢と歴史にも理由がある。だから、トヨタの販売シェアを五十％以上にしようと思えば、日産、その他など、トヨタ好み以外をも吸引しなければならないことになる。

「チェイサーの販売実績を見れば、トヨタ好みの車をいくらそろえても販売シェア五十％には届かないことがわかる。だからトヨタ好みでない車を開発しなければならない」

それが販売サイドの繰り返し主張する考えであった。

市場分析と理論武装では、トヨタ自工もトヨタ自販にはかなわない。

「販売サイドの主張は論理的に筋がとおっているが、トヨタ好みでない車も、トヨタが造れば、トヨタ好みの車にならないのか、そういう疑問も湧く。トヨタ好みでない車をトヨタ自工が造れるものだろうか、それは矛盾ではないか」

その問題が律儀な、生真面目なトヨタ自工を悩ませた。


三代目マークⅡが発売されて半年後に、販売も順調なことを確かめて、深谷主査は部品メーカーの役員に転出し、製品企画室を去った。前年末に三代目マークⅡが発売され、年明けに、旧マークⅡ担当グループを吸収して、深谷主査グループが新しくマークⅡ担当グループとなっていた。深谷主査の後を継いで、マークⅡ・チェイサー担当の主査には島本主査が就いた。

島本主査は、マークⅡとチェイサーの現行モデルも担当しなければならないので、主査付を二つのグループに分けて、一つのグループには現行モデルとそのマイナーチェンジ（一般的には、モデルチェンジの二年後、すなわちモデルライフ四年の中間点に商品力のてこ入れとして行う）を担当させ、もう一つのグループには次期モデルチェンジを担当させた。次期モデルチェンジのグループリーダーには、三代目マークⅡと初代チェイサーで経験を積んだ、渥美主担当員を当てた。

トヨタ自販が「トヨタらしくない小型上級車」の開発をトヨタ自工に申し入れた時、製品企画室では渥美主担当員が上司の島本主査に提案していた。

「トヨタらしくない車をぜひマークⅡの三つ子車としてやらせてもらいましょう」

「うーん、トヨタらしくない車とはマークⅡ、チェイサーとは違う車ということだから、マークⅡ担当グループとは違うところでやらないとまずいんじゃないか」

島本主査は、律儀な考え方で、渥美主担当員の提案の矛盾点を突いた。

島本主査の考えの方が筋はとおっていたが、渥美主担当員の提案は次のようであった。

第一に、マークⅡ、チェイサーに新車種が三つ子車として加われば総生産台数がさらに増え、台当り設備投資額償却負担がいっそう軽くなる。その結果、三代目マークⅡの時と違い、生産性の高い設備も投入できるようになるはずである。第二に、マークⅡのトヨペット店とともに新たに販売店系列が加わり新車種を売りさばけば、オート店も対抗上からいっそうの売る努力をせざるを得なくなる。その結果、チェイサーの販売台数も伸びるはずである。第三に、製品企画室内で新たなグループが新車種を担当することになると、マークⅡ担当グループとの間で競合が末長く続くが、マークⅡ担当グループが新車種も担当すれば企画・開発が一元化される、であった。

「トヨタらしくない車、それは走りのイメージと都会的センスとを備えた車です。トヨタらしくない新車種を必ず造ってみせます、と約束して、新車種開発を引き受けてください。きっと島本主査のためにもなります」

マークⅡの弱点、トヨタ車の弱点も知っている渥美主担当員は、そう言って、島本主査を繰り返し説得した。

島本主査は真面目で几帳面な技術屋であり、自分で納得するまで熟慮長考するタイプでもあった。渥美主担当員の提案に時間をかけて少しずつ理解を示しながら、最後には島本主査がもっとも強力な「マークⅡ三つ子車構想」支持者となっていた。

「なに、マークⅡ担当グループが新車種をやりたい、だと」

製品企画室長の秦野常務取締役がまず驚いた。

「それはどうかな。新車種はこれまでのトヨタらしくない車でなければならない。それはマークⅡやチェイサーとまったく違うテーストの車ということだ」

国内企画部も、次いでトヨタ自販商品計画室も、反論した。

「トヨタ好みでない車も、トヨタが造れば、トヨタ好みの車にならないのか、と自工は疑問を呈したはずだ。それと同じように、マークⅡ担当グループが造れば、またマークⅡに似たものになってしまうんじゃないのか」

こんどは立場を替えて、トヨタ自販商品計画室が同じ疑問を製品企画室に投げかけてきた。

「トヨタ好みでない車を絶対に造ってみせる。マークⅡ担当グループがやれば、設備投資額や販売価格などの面だけでなく、トヨタ自販や販売店にとっても必ず得になるはずだ」

製品企画室の島本主査は強く主張し、またトヨタ自販および販売サイドの要望を最大限に受け入れる意向も示した。

「マークⅡ、チェイサー担当だからこそ、マークⅡ、チェイサーとはまったく違う車の意味するところがわかるのです。それは都会的センスのクールなスタイル、高速走行における操縦性・走行安定性を保証する性能であるべきです。必ずそれを実現してお目にかけます。それに、マークⅡ・チェイサーと生産ラインを共通にできることは、設備投資と製造原価の面で大きな有利となるはずです」

島本主査と渥美主担当員は熱心にトヨタ自工内とトヨタ自販内を説得してまわった。

三代目マークⅡは、「堅気になろう三代目」を合言葉に、小型上級車市場の中心市場にポジショニングを変えた。中心市場にこそもっとも大きな需要があり、その大きな需要をわがものにしない限り大きな販売量と占拠率を獲れないし、ライバルに勝つことはできないと考えたからである。もちろん、中心市場はライバルも多く競争も激しい。三代目マークⅡはライバルに負けない高い性能と豪華さ、それに小型下級車や大衆車の顧客も吸引できる廉価さにより、販売台数と販売シェアとを大幅に高めた。三代目マークⅡの成功は、その開発の狙いが間違っていなかったことを意味する。

「みんなが乗っている車ではいやだ、他人と違う車をほしい」

一方、どこの市場においても、そういうお客がいる。

それは、中心市場に対して、周辺市場と呼ばれる。三代目マークⅡが小型上級車市場の中心市場を獲得した今、周りを見ればどこもかしこもマークⅡの中で、それに染まるのに飽き足りないユーザーが現れた。マークⅡの場合の周辺市場の顧客とは、比較的若い層、あるいは年齢はそこそこでも気持ちだけは若い層（ヤングアットハート、Young at Heart, と呼ばれる）で、富裕で社会的地位もあり、いわゆる豪華さとは違う価値（インテリジェンスに類する）を求める人たちである。彼らは自分なりの考え方と幅広い行動力を持ち、渋い味を好み、価値あるものに執拗に食いつく。彼らは、むしろ地味で、キンキラの豪華さを求めない。その一方で、見てくれでない本当の装備を求め、どんなアクセルにも応えるパワー、どんな操舵にもついてくる足回り、を求める。これを、中心市場（マークⅡの市場）、スポーティ市場（チェイサーの市場）に次ぐ、第三の市場とみなすことにした。

「トヨタの小型上級車市場の販売シェアを五十％以上にするには、その中心市場を獲るだけでなく、周辺の第三市場も攻略しなければならない。第三市場の規模は、今でこそ小さいが、良い商品を提供すれば、将来膨らむかもしれない。中心市場を確保しつつ、周辺市場へも次々と攻勢をかけよう」

それが次期モデルチェンジの目標となった。

製品企画室、国内企画部、トヨタ自販商品計画室の、新車種に関する三者協議が毎週続いた。

「新車種はトヨタらしくない、自立した個人のための、究極の私的なスペシャルティ車でなければならない。マークⅡ現行モデルの改良ではなく、走り（加速性、ドライバビリティ、操縦安定性）も快適性（乗心地、静粛性）も味の領域まで高めなければならない。全車に直列六気筒エンジンと四輪独立懸架の搭載ぐらいを考えないといけない」

商品計画室が高く理想を掲げた。

「四気筒エンジンも4リンク式リアサスペンションも売れているのに、売れるものまで放棄することはない。それよりも、時代を先取りする新技術がないと、新車種もマークⅡ・チェイサーのモデルチェンジも意味がない」

国内企画部が理想よりも現実路線を主張した。

「六気筒か四気筒か、独立懸架か4リンクか、それは即物的で新車種のイメージとは関係ないはずだ」

製品企画室が議論を再び軌道に戻した。

「しかし、新車種もモデルチェンジもM－Eエンジンではもちませんよ。こんどこそ新しい直列六気筒エンジンを起こしてもらわないと。新型直列六気筒エンジンを搭載できるかどうか、それに新車種、マークⅡとチェイサーのモデルチェンジの成否がかかっているのです。島本主査、そのことをお忘れなく」

商品計画室の生駒次長は要点をずばりと突いた。

その言葉に誰も納得せざるを得なかったが、それこそが猫の首に鈴をつける難しい仕事であった。エンジン部は排出ガス規制への対応でてんやわんやで、社内とグループ企業からも大量に人集めをして、なんとか乗り切っている状況であったからである。

「三代目マークⅡに急追された、ライバルのローレル、スカイラインが次期モデルチェンジでどう出てくるか、それを読んでその先を狙うことが欠かせない。われわれがライバルの立場だったらどうするか、それを机上作戦で練ろう」

その点では、製品企画室、国内企画部、トヨタ自販商品計画室の意見が一致していた。

「三代目マークⅡはそれなりに成功を収めたが、一回の成功では運と取られてもしかたがない。二回続けての、連続優勝こそが実力の証明であり、横綱昇進の条件でもある。マークⅡは必ず二回続けて勝たなければならない。また、そうでなければ販売シェア五十%を獲得できない。二回続けて勝つためには、決して守勢に入ってはいけない、勝っている今こそ前回以上に積極策を取り入れたモデルチェンジにしなければならない」

製品企画室の渥美主担当員は強く主張した。

新商品がヒットしなければ製品開発は成功とは言えない。優れた新技術でさえも、販売台数が伸びて、ヒット商品とみなされるようになって初めて、話題にのぼり良し悪しが評価されるようになる。販売台数が低迷していては話題にすらのぼらない。ヒットしなければ製品開発の努力も評価してもらえない。開発プロジェクトに多くの人が馳せ参じ協力してくれるのは、誰もが心の中で勝ちたい、勝ち組に入りたいと思っているからでもある。勝ち続ける製品開発グループは多くの協力者を得てますます勝ちやすくなり、負けた製品開発グループは多くの協力者を失い再び勝つことが難しくなる。

——開発する以上は勝たなければならない、それが製品企画室から協力者へ与えることのできる唯一の報酬なのだから。

三代目マークⅡの製品開発を経験して、渥美主担当員はそう悟った。

協議に協議を重ねてやっと、新車種、マークⅡとチェイサーの次期モデルチェンジの構想が浮かび上がってきた。新車種を考えるに当たって、既存のマークⅡ、チェイサーと新車種のそれぞれの市場におけるポジショニングをもう一度明確にすることが、ターゲットユーザーの確認のためにも、開発と販売のためにも、必要であった。

新車種の戦略は次のように合意された。
（一）従来のトヨタ車にはなかった、三十代前半のヤングエグゼクチーブのための高性能、高級、高プレスティージの車とする。
（二）セダンのユーティリティとハードトップの軽快さを持つスタイリッシュセダンとする。
（三）トヨタ車らしくないヤングアットハートの新しいデザインとする。
（四）高性能・高品質な、使いやすい車とする。基本性能、特にトヨタ車に欠ける操縦性・走行安定性、を重視する。

既存のマークⅡ、チェイサーと新車種のそれぞれのポジショニングと訴求点について、トヨタ自販商品計画室、トヨタ自工の国内企画部と製品企画室は次のように確認した。
（一）マークⅡは小型上級車市場の中心にある多数派向けを訴求し、「高級、伝統的、落ち着き」のイメージとし、より豪華により幅広い顧客に対応するものとし、ターゲットユーザーは三十五〜四十歳とする。
（二）チェイサーは若者向けと走りを訴求し、「スポーティ、ファッショナブル」のイメージとし、ターゲットユーザーは三十歳までとする。最高級グレード「アバンテ（Avante, 前へ、スペイン語）」を新設する。
（三）新車種はパーソナル性を訴求し、「上品、高級」のイメージとし、ターゲットユーザーは三十

〜三十五歳とする。

ターゲットユーザーとは、必ずしも実際の購入層を限定するものではなく、むしろ製品開発におけるイメージユーザーを意味するものである。発売後の実際の購入層は製品開発におけるイメージユーザーよりも五〜十歳ほど高目になることも多いが、それはかまわない。それとても、実際の購入層が実際の年齢より五〜十歳ほど気持ちが若いか、若いイメージの商品を求めていると解釈される。


工販の間で揺れ動いた新車種構想の合意を待って、秋口に、新車種、それにマークⅡとチェイサーのモデルチェンジを含めた「開発構想」が製品企画室から指示された。

開発構想における新車種、マークⅡとチェイサーの次期モデルの「開発の狙い」は、

「トヨタの販売シェアは十二％から二十四％に上昇したが、目標の五十％には至らない。次期モデルチェンジと新車種投入により目標を達成する」

というものであった。

さらに、開発構想には、新車種およびマークⅡ次期モデルとチェイサー次期モデルの「商品コンセプト」として次のようなものがあった。
（一）三車種の性格差を明確にする。マークⅡは豪華な、落ち着いた、伝統的な、高品質感の車、チェイサーはスポーティな、ファッショナブルな、ニューファミリー層向けの車、新車種はヤングアダルト層の新しい高級感・高品質感を追求した、潜在ユーザーを開拓できる車とする。

（二）ハードトップのスタイルとセダンの実用性をあわせ持つ、4ドア（フォードアと呼ぶ）ハードトップを新設する。マークⅡでは4ドアセダン、4ドアハードトップ、およびバン・ワゴン、チェイサーでは4ドアセダンと4ドアハードトップ、新車種では4ドアハードトップによる4ドアスポーティセダンの車種構成とする。

（三）スタイリングはモデルチェンジの重要ポイントである。小型上級車としての気品、オーナーカーとしての軽快さ、斬新な中にも普遍性のあるスタイルとする。

（四）現行モデルの性能・品質は好評であるが、競合他車も次期展開で追いついてくることを想定し、世界のトップレベルと比較し、いっそうの基本性能向上を図る。

（五）一九八〇年代の幕開けを象徴するような装備、メカニズム（新機構、斬新な代替機能、軽量化および省資源の改良機構など）を積極的に取り入れる。足回りとアンダーボデーは基本的に現行モデルを踏襲する。

（六）オイルショック後に明確となった省資源・省エネルギーの社会的ニーズに応える。

・外形寸法を変えずに、室内寸法を拡大する。
・車両重量を二〜三％低減する。
・低燃費化を推進し、四〜十％の燃費改善を図る。
・バリューを減殺せずに原価低減を図り、高いバリューフォーマネーで商品力を強化する。
・部品の共通化・共用化を図る。

顧客は商品の何を見て選ぶのであろうか、購買意欲を持つのであろうか。製品開発の過程でどこがどのように処理されたのかを知らないはずなのに、顧客は多くの車型、グレードの中からわずか三日間でお買い得なものを確実に選んで行く。初日はひとりで営業所に現れ、車を見てカタログをもらって帰る。二日目には家族をつれて見に来る。三日目に現れた時には成約となる可能性が高い。

「こんどはどの車型がいい?」

製品開発が終わりに近づく頃、社内の友人から製品企画室へ問い合わせが来る。その時に友人に薦める車型が店頭で顧客の選ぶ車型と一致することが多かった。

——顧客は、造ることにかけては素人でも、買うことにかけてはプロなのだ。商品からにじみ出る何か、きっと商品コンセプト、を見抜いて選択するに違いない。

渥美主担当員は、三代目マークⅡでの経験から、そう感じた。

開発構想では、「車両細部」について、次のように詳細に指示していた。

（一） 外形スタイル

・マークⅡは落ち着き、ゆとり、流麗、豪華、チェイサーは軽快、シャープ、華やかさ、新車種は軽快、洒落、高品質感、プレスティージ、の斬新なスタイルとする。

・4ドアセダンは、良い視界の確保、居住性の良いキャビンとする。フロントオーバーハングを十五ミリ、リアオーバーハングを五ミリ短縮し、フェンダー四隅を確認できるようにフロントピラーを細くし、後席の乗降性改善のためにセンターピラー位置を前へ出し、ラゲージの開口を大きくしローディングハイト（荷物を持ち上げる高さ）を低くするためにロアバック見切線を下げる。

・4ドアハードトップはセダンの実用性とハードトップのシルエットとをあわせ持ち、全高をセダンのマイナス三十ミリとする。明るいキャビン、フェンダー四隅を確認できる良い視界を確保する。

(二)　室内デザイン

・現行モデルのインストルメントパネルの簡潔さ、優れたメーター視認性、低いシートバックなどを維持し、機能重視の基本路線を踏襲しながら、グレードアップを図る。

・競合車に劣らない室内寸法を確保するが、世界的な傾向である、「小さな外形、広い室内」に沿って、室内幅、後席レグスペース、ヘッドクリアランスを拡大する。フロントアクスルセンターを二十ミリ後退させ、リアアクスルセンターを二十ミリ後退させ、後席クッション代を改善する。ダッシュボードとペダル踏面を前へ出し、その分でステアリングホイールと前席Hポイントを十ミリ前へ出し、後席レグスペースを拡大する。

・インストルメントパネルはセダン用、ハードトップ用の二種類とし、車種ごとのセグメントを図る。

(三)　ボデー

・アンダーボデーは基本的に現行モデルのものを流用し、ダッシュパネルを一部形状変更し、セダンとハードトップでは共用する。
・風切音対策のために、ピラー、レインチャネルを平滑化し、また室内スペース、ドアの開口部とガラス面積の拡大のためにサイドシルとルーフサイドメンバーの断面を小型化する。
・ラゲージの容積は現行モデル並みとし、深さを確保する（サムソナイトスーツケースA二個、ポリタンク二十リットル、バカンスクーラーのそれぞれを収納できる）。

（四）内装
・現行モデルのフロントシートのホールド性、リアシートのホールド性とクッション性を改良する。セダンとハードトップのシートは共用とする。ベンチシートを背もたれ調整可能なセミセパレートシートに替える。
・ルーフライニングは吊り天井とする。

（五）エンジン
・搭載エンジンは、マークⅡ次期モデルとチェイサー次期モデルでは新型直列六気筒エンジン（二〇〇〇ｃｃ）、四気筒エンジン（二〇〇〇ｃｃと一八〇〇ｃｃ）、ディーゼルエンジン（二〇〇〇ｃｃ）とし、新車種では新型直列六気筒エンジン、四気筒エンジン（一八〇〇ｃｃ）とし、マークⅡ次期モデルに４Ｍ－Ｅ（二四〇〇ｃｃ）を追加する。
・燃費を四～十％改善する。
・ＥＦＩ用エアクリーナーケースを樹脂化する。

（六）　駆動・制動
・トランスミッションは、フロアシフトでは、四速および五速マニュアル、四速オートマチックとする。
・フロントブレーキは全車ディスクブレーキを採用する。
（七）　シャシー
・フロントアクスルセンターを二十ミリ後退させ、その分だけリアアクスルセンターを後退させる。マクファーソンの摩擦、異音を低減し、ハーシュネス（路面凹凸とタイヤとの接触による騒音）を欧州車のトップレベルまで低減する。
・４リンク式リアサスのリアトレッドを二十ミリ広げる。セミトレーリング式後輪独立懸架の軽量化、原価低減、サービス性向上を図る。
・高速直進性とダイレクトフィーリング（タイヤ反力から操舵感を直接感じること）を改良する。パワーステアリングのギア比を見直す。
（八）　補機・艤装
・オートドライブ（一定速度の自動走行装置）はモーター式、ＥＳＣ（横滑り防止装置）は簡易型とする。
・全車ウインドアンテナを採用し、ウインドアンテナのゲインと指向性を改良する。
・ワイヤーハーネスの原価を低減する。

なお、開発構想には現行モデル、競合他車と比較した主要諸元寸法一覧表と開発大日程が付記され、車両計画図も添付され、車種構成と仕様、品質目標、重量目標は別途指示となっていた。

新車種の車名案は、トヨタ自販商品計画室、トヨタ自工国内企画部、製品企画室がそれぞれ複数案を持ちよって、二ヵ月をかけて検討された。

その結果、新車種の車名には、期待を込めてトヨタ自販商品計画室が温存しておいたクレスタ（Cresta, 西洋の紋章の頂に輝く飾り、スペイン語）と決まった。

「冠の中の冠、しかもCで始まる名前、これこそトヨタ車の車名の伝統を踏まえた正統派ですよ。この日のために商品計画室はこの車名を温めてきたのですよ」

大判のぶ厚い本を開きながら、生駒次長は言った。会議室に入る時に沓名係長が抱えていた本であった。

書名には『紋章大辞典』とあった。開かれたページに描かれた大紋章はイギリス王室に関する書物によく出てくるもので、上下左右と四つの部分に分かれた部分にそれぞれ違う絵が描かれた盾の上に王冠が載り、盾を両脇からライオンとユニコーンが支えているものであった。

生駒次長が指し示しているのは、大紋章の頂上の王冠のそのまた頂上に描かれた、小さな王冠をかぶった横向きのライオンであった。

「盾の紋章は出自を表すもので、一番頂上にある、このクレスタこそが大紋章の真髄を象徴するものなのです」

生駒次長の説明を受けるまで、製品企画室、国内企画部の誰もクレスタの正しい意味を知らなかった。渥美主担当員は、盾の上の王冠の上にさらに飾りがある、ということすら知らなかった。

「なるほど、意味、綴り、呼びやすさ、そのどれをとっても、クレスタこそ新車種の車名にふさわしい。これを工販トップへ提案しよう」

「その名前のごとく、雄々しく、市場に冠たる車になってほしい」

会議は、一も二もなく、商品計画室の提案に合意した。ほどなく、工販トップの合意も得られた。新車種の前面、ラジエーターグリルの中央に飾るエンブレムは、ヨーロッパの大紋章の象徴であるクレスタにちなんだデザインとすることにした。

「クレスタが社外に漏れたら、シグナスの二の舞になる。こんどこそ漏れないように注意しよう。車名クレスタが社内に知れわたると漏れの恐れがあるので、開発段階では『N車』で押し通そう」

製品企画室が提案し、商品計画室も国内企画部もそれを了承した。

「初代チェイサーの開発では、予定していた新車名が社外に漏れ、二度にわたって車名変更をすることになった。その轍を踏まないため、開発段階では『N車』のみを使用し、新たに決定した車名および開発コードをいっさい使用しないでください」

製品企画室は新車名決定の指示の中で関係各部にそう伝えた。

# 第五部

# 大いなる開発

# 第10章 低燃費、小型軽量化を追求

## クリーン排出ガス時代の新エンジン

新車種構想のまとめの段階では商品計画室が製品企画室を訪れることが多かったが、下打ち合わせの段階では製品企画室が商品計画室を訪ねることも多かった。製品企画室の渥美主担当員は、トヨタ自工の社員ながら、トヨタ自販の受付をいつも顔パスでとおっていた。これは三代目マークⅡ開発当時から商品計画室に足しげく通い、打ち合わせを重ねてきたからである。

「渥美さん、今度こそは走りの車を造ってくださいよ。そのためには、まず直列六気筒二〇〇〇ccのエンジンを新しく起こすことが必須条件です。その上で、高速走行時のレーンチェンジで車のフロントノーズがコテンコテンとお辞儀をしないような操縦性と走行安定性ですね」

事務屋ながら、技術面でも頭の切れる商品計画室の生駒次長は、商品計画室を訪れた、渥美主担当員に向かってそう述べた。いつもながらそれは簡潔に要点を突いていた。

「直列六気筒エンジンはここ十年間も新設していませんし、それどころか、今も排出ガス浄化対策の真っただ中ですからね。新型エンジンの開発工数を捻出できるかどうか、エンジン部が受けてくれるかどうか、疑問です。かつて、排出ガス浄化装置の開発が間に合いそうになく、せめて前年暮れまでに売れるだけ売っておこうとしたことがあったでしょう。ところが、当時の専務取締役が通商産業省に呼ばれてお叱りを受けたので退路を断たれ、必死に開発を進めるしかなくなった。その結果、逆に開発が期限までになんとか間に合った。その時と同じように必死になってくれれば可能でしょうが、柳の下に二匹目のどじょうがいるでしょうかね」

「昭和五十一（一九七六）年一月から売る車がなくなるはずだった。あの時はわれわれも、売るタマがない、販売店もしばらくは干上がる、と覚悟したものですよ。ところが、エンジン部初めトヨタ自工が必死になって、なんとか間に合わせてくれたので、助かった。もっともその後、トヨタはできるのにできないと嘘をついていた、と運輸省や新聞社に叩かれましたけどね」

渥美主担当員と生駒次長は、二年前のことを振り返りながら、その余波が残って今も忙しいエンジン部をどう攻略するか、いかに説得するか、見込みも自信もないままに思案にくれた。

「渥美さん、トヨタらしくない車を造ってみせる、と製品企画室は豪語した。トヨタらしくない車には、新型直列六気筒二〇〇〇ccエンジンが欠かせないですよ。それがなければ、新車種も新参の販売チャネルも必ずつぶれます。そりゃあ、M－Eエンジンでは無理ですよ」

生駒次長は最後にそう言った。それが脅しでないことを渥美主担当員もよく理解しているつもりであった。

渥美主担当員は、建物が点在する広い技術部構内を歩いて、製品企画室からはもっとも遠く離れた、エンジン部のある技術六号館に向かっていた。

製品企画室主査付の毎日のスケジュールは、日中には同時刻に二つまたは三つ重なっている会議を駆け足でまわり、夕方暗くなってからやっと席に戻り、各課から上がってくる設計図を検図しサインする。午前と午後の二回届く設計図は、多い日には、二〇〇枚を超えることもある。

毎日なんども技術部構内を行き来しているのに、いつも腕時計をのぞきながら会議から会議へと小走りに移動しているせいか、それまで陽春の風情をまったく感じていなかったことに気づいた。

——そうか、もう春なんだ。

渥美主担当員は暖かな空気を深呼吸して感じた。

渥美主担当員は、技術六号館の外壁に張り出した階段をゆっくりと二階に上がり、遠くに見える京極取締役の席に近づいていった。

「京極重役、お願いがあって参りました」

「おお、渥美君か。何だね、改まって。まあ座りたまえ」

マホガニー製の取締役用机の上の書類に目を通していた、京極取締役はゆっくりと顔を上げて渥美主担当員を見た。渥美主担当員は、取締役席の前にある応接セットの椅子に腰をおろし、京極取締役が書類を決裁し終わって席を移すのを静かに待った。

「ご承知のように、マークⅡの次期モデルチェンジとあわせて、マークⅡ担当グループは『トヨタらしくない新車種』の製品開発を引き受けました。この新車種は三年後に新設の販売チャネルのオープンに合わせて発売します。マークⅡやチェイサーとは違う、トヨタらしくない車にどうしたらできるのか、製品企画室はトヨタ自販商品計画室や国内企画部と検討を重ねてきました。その結論が、M－Eエンジンに代わる新型直列六気筒二〇〇〇ｃｃエンジンを搭載する、それによってライバルに負けない『走りの新車種』を造るしかない、となったのです。京極重役、エンジン部が排出ガス浄化対策で猫の手も借りたい状態であることは十分承知しておりますが、小型上級車市場で販売シェア五十％を獲るというトヨタの宿願を達成するためにも、どうか新型直列六気筒エンジンの開発を手がけてください」

島本主査に命じられて打診に来た渥美主担当員は、策を弄さず率直に真情を述べ、相手の理性に訴えるしかないと心に決めていた。

「とてもそんな余裕はないよ。排出ガス浄化対策はまだまだ終わっていないのだ。そのため、君も知っているように、全社いや全トヨタグループからも技術員を借りまくっている。排出ガス浄化対策が済んでも、排出ガス浄化対策で悪化した燃費を回復する仕事が待っている。その後だよ、新型エンジンの開発は。それまでは、直六エンジンでは、M－Eエンジンをだましだまし使っていくしかないよ」

京極取締役はけんもほろろにそう答え、取り付く島もない様子であった。

「おっしゃることはよくわかります。しかし、重役、ライバルを追っかける立場のわれわれとしては、もう十年もたっているM－Eエンジンを搭載してライバルに勝つことが不可能なことを実感しています。そう言っちゃなんですが、M－Eエンジンは吹き上がりが悪い、燃費が悪い、重い、耐久性一点張りの古い思想で開発されたエンジンです。ここはひとつ大所高所からお考えください。ライバル企業も同じように排出ガス浄化対策に追われていて、新型エンジンの開発までは手がまわらないはずです。ここでわが社が新型エンジン開発を手がければ、性能面でもまた排出ガス浄化対策の面でも、ライバル企業に対して大きく優位に立てるのではないですか。もちろんわれわれ製品企画室の得になる話ですが、エンジン部としてもけっして損にはならない話だと思いますが」

ここで引き下がっては新車種と新販売チャネルが死ぬ、生駒次長に顔向けができぬ、と渥美主担当員は必死になって製品企画室の利とともにエンジン部の利も京極取締役に説いた。

——自分の利だけでなく、相手にも利のある話を持っていかなければ説得は成功しない。

これも、製品企画室での経験から学んだことであった。

「うーん、渥美君の言うことも一理あるな。新車種の発売はいつだったっけ。しかし、たとえ新型エンジンの開発を引き受けても、こういう余裕のない状況だから、新型エンジンの立ち上がりが新車種の発売に間に合わないこともあり得る。その時はどうするつもりかね？」

京極取締役は痛いところを突いてきた。しかし、そこにいじわるさはなかった。

「新車種の発売は昭和五十五（一九八〇）年四月一日、新販売チャネルのオープンに合わせてです。新販売店の扱い車種はこの新車種とわずかな車種だけですから、もし仮に新型直列六気筒エンジンが間に合わなかった時には新販売チャネルの商売は成り立ちません。その時にはオープンを遅らせてもらいます。その点はお約束しますから、どうか新型直列六気筒エンジンの開発をお願いします」

渥美主担当員は京極取締役の問いにそう答えた。製品企画室の一主担当員が工販トップの決めた新販売店開業日を勝手に変えられるわけがないことはわかっていたが、新型エンジンがなければ新車種も新販売店も考えられなかった。

しばらくの間、京極取締役は視線を左右に揺さぶって何も言わなかった。

――彼が考えごとをする時のいつものしぐさだ。

渥美主担当員はじっとそれを見つめていた。

「わかった、検討してみる。ただし、新車種の発売には間に合わないかもしれんから、それだけは考えておいてくれ」

ついに、京極取締役は新型直列六気筒エンジン開発の検討を約束してくれた。そして最後にこう言って渥美主担当員を冷やかした。

「渥美君、製品企画室はいいよなあ。こう言って頼んで歩けば事は進むんだから」

「京極重役、有難うございます。これでやっと新車種も陽の目を見ることができます、マークⅡ、チェイサーも戦うことができるようになります」

渥美主担当員は、もう何を言われても良かった、心の底から京極取締役に頭を下げた。

搭載エンジン新設のような製品開発プロジェクトの死命を制する大事の説得は、主査が命を賭けてじきじきに進める仕事である。渥美主担当員の報告を受けた島本主査が、改めて担当の京極取締役、エンジン部門統括の丸岡取締役、そして製品企画室長の秦野常務取締役をまわり、新型直列六気筒エンジンの開発を正式に依頼した。

新型直列六気筒エンジン（新直六と略称）は、後に1G－Eエンジンと呼ばれるエンジンである。このエンジンの設計はエンジン部の菊間課長が担当した。菊間課長は製品企画室の渥美主担当員と同期入社の友人であった。

新型直列六気筒エンジンには、京極取締役が約束してくれたように、数々の斬新な設計が盛り込まれた。

新型直列六気筒エンジン開発の第一のテーマは「低燃費」であった。一九七〇年代の排出ガス規制をクリアするためにやむを得ず燃費が犠牲となっていたが、オイルショックに襲われた一九七〇年代こそ実は燃費の時代であったはずである。

「排出ガス浄化技術に一応のめどがつきエンジン制御技術に自信を得た今こそ、次の一九八〇年代の新型エンジンは燃費志向でなければならない。それが社会の要請である」

京極取締役はそう号令した。

新型直列六気筒エンジン開発の第二のテーマは「吹き上がりの良さ、加速性能」であった。ただし、最高出力よりも中低速のトルク向上、すなわちもっとも頻繁に実用する回転数域のトルク向上、を目指した。これは製品企画室の希望でもあった。第三のテーマが「ノーメインテナンス化」であった。アメリカではノーメインテナンスが法律で義務化されていて、日本でも今後そうなるだろうと予想されていた。

「二リッターぎりぎりのシリンダーブロック設計をしたら、二リッター本来の性能がもっと発揮でき

1G-E エンジン

るのではないか」

まず、エンジンの排気容量を二リッターに絞った。従来のエンジンは二リッターから三リッターまでカバーできるようにシリンダーブロックを設計していた。

二リッターエンジンとして最適となるように、M－Eエンジンにくらべて、ボアピッチを減らし（マイナス四・五ミリ）、ブロックの高さを小型化し（マイナス四十ミリ）、シリンダーブロックとヘッドを小型化し、ブロックの肉厚を薄くし、軽量化を図った。

ピストンを小型化し、コンロッドの長さを大幅に短縮し（マイナス三十五ミリ）、クランクのピン径を細くし（マイナス十ミリ）、ジャーナル径も細くし（マイナス五ミリ）、冷却水と油量を減らし、エアクリーナーの樹脂化なども行って、エンジンの可動部分を小型化、軽量化した。小型化、軽量化に加えてさらに、ピストンリングを薄くし、オイルシールをテフロン製にし、ポンプ類を小型化し、摩擦による損失を低減した。

このような摩擦損失の低減は第一に、小型化（熱容量減）による暖機性向上、アイドル時強制進角や点火時期の最適化を加えて、低燃費化を図るためのものであった。第二に、回転部分と動弁系の慣性能率の低減、ロングインテークポートとデュアルエギゾーストの採用による吸入効率の向上を加えて、発生トルクの向上と、吹き上がり（アクセルレスポンス）の良い、加速の良いエンジンを目指すためのものでもあった。第三に、ＮＯｘの低減を可能にして、ＥＧＲシステム（排気ガス循環装置）の廃止と排出ガス浄化装置の簡略化を狙うものであった。

軽量化の一方で、油圧式ラッシュアジャスター付きのバルブ駆動などでノーメイテナンス化を図り、形状設計による高剛性化、カムシャフト駆動用のベルトなどで静粛化も図った。

開発が始まって半年たって、新型直列六気筒エンジンの一次試作品が完成した。

一次試作初品への点火は「火入れ式」と呼ばれ、技術部門のトップや関連部署代表を集めて行われる特別な儀式である。試作品に対するこのような特別な儀式は自動車開発ではエンジン以外にない。

一次試作エンジンのテストによれば、エンジン重量は目標値どおりでＭ－Ｅよりも三十キログラム減、トルクは最大トルクがほぼ目標値どおりで低速トルクがやや低い、燃費は目標値を約二十％超えて達成、排出ガスのＨＣおよびＮＯｘがともに低い、高速回転での騒音が一～二デシベル高いなど、比較的幸先の良い結果となり、それが菊間課長から伝えられた。

「エンジンでは、トルク、馬力の良いものは燃費も良いものだ。一次試作品でトルク、馬力、燃費の良くないものは最後まで良くならない。そういうエンジンは『はずれ』と呼ばれる」

入社直後のエンジン部実習の時にエンジン部の指導員にそう聞いたことを渥美主担当員は思い出していた。

「良かった。新型直列六気筒エンジンは『はずれ』ではなかった」

新型直列六気筒エンジンの一次試作の結果を持って、エンジン担当役員とエンジン部門への報告会が開かれた。

「M－Eエンジンに比べマイナス三十キログラムの重量減は大きいな、この魅力は車両側にとってどれだけ大きいか知れない。新エンジンを生かすストーリーを考えないといけないな」

「フリクションロスが少ないため、燃費率が低い」

「理論空燃比付近の燃焼特性であるということは新直六が三元触媒向きであるということか。これは排気ガス浄化がしやすいということだ」

エンジン部門を統括する丸岡取締役は上機嫌であった。

「ブロックの軽量化がエンジン騒音に悪影響を及ぼしていないか」

「アイドラーの位置を変えた方がタイミングベルトのゆるみ防止に良いのではないか」

「フューエルデリバリーパイプがエギゾーストパイプの上にあるのは、トヨタでは初めてだが、大丈夫か」

エンジン部門のエキスパートたちが、これまでの経験から疑問点を指摘し、助言を与えた。

最後に、丸岡取締役が製品企画室の島本主査に質問した。

「新直六の立ち上がりが新車種のラインオフに間に合わない場合に、新車種はどのエンジンを搭載するのか」

「その場合には、発売から一年間だけM－Eエンジンを搭載するつもりです。しかし、市場へのインパクトからも、運輸省への届出の面倒なことからも、新直六の開発を急いでいただき、なんとか新車種発売に間に合わせていただきたいと思っています」

島本主査はきっぱりと答えた。

「今日のところは自信満々で間に合うとは言えないが、早く信頼性を高められるように開発日程を見直し、新車種のラインオフに間に合わせる検討をしてみよう」

丸岡取締役はそう言い切った。かたわらでは、京極取締役がうなずきながら聞いていた。

製品企画室トップへの新型直列六気筒エンジン報告会がエンジン担当役員も出席して開かれた。

初めに、担当の京極取締役が概要を説明した。

「新型直列六気筒エンジンの一次試作品はM－Eに対して、約三十キログラムの軽量化、約七PSの摩擦損失減、一～二キログラムメートルのトルクアップ、八～九キロメートル／リッターの一〇モード燃費（市街地走行の一〇モードにおける燃費、テンモードネンピと呼ぶ）向上、などを実現しました。

残る問題点は、タイミングベルトの耐久性、オイルポンプのギア強度などです。また、ラインオフ時期は、製品企画室の強い要望もあり、新車種のラインオフにぜひとも間に合わせたいと考えています」

「そうか、新車種のラインオフに間に合わせてくれるか」

製品企画室長の秦野常務取締役が満足げにうなずいた。

一週間後には、生産技術部、エンジン部、製品企画室の間で、新型直列六気筒エンジンの予想生産規模と初期投資額、ラインオフ時期の打ち合わせが持たれ、新車種の発売から新型直列六気筒エンジン搭載が決まり、新車種は最初で最大の関門を越えた。

可動部分の小型化と軽量化、回転部分や動弁系の慣性能率の低減、摩擦損失の低減、吸入効率の向上などを織り込んだ新型直列六気筒エンジン（1G－E）は、開発完了の時点で、吹き上がりの良い、加速の良いエンジンとなり、M－Eエンジンに比べてプラス一キログラムメートルの最大トルクという高出力も達成していた。ロングインテークポートは中低速トルクを上げ、実用回転域で粘り強い、使いやすいエンジンの実現に効果があった。

1G－Eエンジンの摩擦損失はM－Eエンジンに比べてマイナス十～二十％で、摩擦損失の低減、アイドル燃費の低減、エンジン重量の減少と冷却水量・油量の減少による暖機特性向上などにより、M－Eエンジンに比べてプラス五％（一〇モード）の低燃費化を実現し、NOxを減らしてEGR廃止も実現した。エンジン摩擦は一〇モード燃費の四十％に対して影響を与えると言われていた。

排気量二〇〇〇ccぎりぎりの設計、小型化、軽量化の結果、1G－Eエンジンは整備機関重量一五五キログラムという、当時の直列六気筒二〇〇〇ccエンジンとしては世界最軽量エンジンを実現した。これは、それまでの世界最軽量といわれた当時最新の欧州車のエンジンに比べても五キログラムも軽い、驚くべき軽量エンジンであった。当時、二〇〇〇ccのエンジンでは、四気筒エンジンでも、これほど軽いエンジンは世界中に存在しなかった。

軽量化が図られただけに、1G－Eエンジンの製造原価も驚異的であった。製造原価目標値は、エンジン設計分だけでM－Eエンジンに比べてマイナス六七〇〇円であったが、それを超える目標達成となった。

後日、新車種クレスタの発売後、1G－Eエンジンは「トヨタらしくないエンジン」として自動車ジャーナリストから好評を博し、直列六気筒エンジンらしくない吹き上がりの良さと燃費の良さで顧客の人気を得た。静かだが、重い、加速が悪い、燃費が悪い、と言われてきた直列六気筒エンジンにも、新しい時代が始まった。

# 第11章 操縦性・走行安定性を変える

## トヨタにも足回り技術はあった

新車種のN車は4ドアハードトップの一ボデー型式のみの車種構成とすることに決まった。

「トヨタらしくない車として、強いインパクトで市場に出せば目的を達成したことになるので、N車のボデー型式と車種構成は少なくても良い」

と、工販トップの間で意見が一致していた。既存のマークⅡやチェイサーよりも、よりパーソナルな感じの車種とするために、ボデー型式は4ドアハードトップとすることで一致した。

セダンに比べて個人用途の多いハードトップでさえ、それまでの2ドア（ツードアと呼ぶ）ハードトップとは違い、4ドアハードトップが主流となり始めていた。

「ほとんどの場合にはひとりで乗るが、たまには家族も友人も乗せる。その時は、乗り降りも、後部座席のスペースもセダン並みであってほしい」

と、考える顧客が増えたからである。

4ドアセダンと4ドアハードトップとの違いは、前者ではドアガラス周りにサッシ（ドアガラスを支えるフレーム）があり後者ではサッシがない、ということである。工販の間での意見の違いは、4ドアハードトップをセンターピラー付きとするかセンターピラーなしとするか、であった。ライバル企業の4ドアハードトップはセンターピラーなしであった。

「4ドアハードトップは、前と後ろの窓ガラスを同時に降ろした時の、前窓と後窓の一体開放感、すなわちグリーンハウス全体の開放感が命なのだから、センターピラーなしに決まっている。顧客は開放感のあるセンターピラーなしの4ドアハードトップを望んでいる」

トヨタ自販を初め、販売サイドはセンターピラーなしを強く主張した。

これに対し、トヨタ自工の良心的技術屋魂を自認する集団が反論した。

「センターピラーなしではサイドからの衝突（側突と呼ぶ）に弱いし、ボデー全体の剛性が低くなり、衝突・転倒時の乗員保護にも問題がある。またボデー剛性の不足は操縦性・走行安定性の低下をも引き起こす。かっこ良さばかりを追わないで、乗員の保護のためにセンターピラー付きが必要なのだ、と主張するのが自動車メーカーの社会的責任ではないのか。技術屋の良心を売り渡してはならない」

昔から、トヨタ自工の技術陣には、社会の流行に媚びないで、誰が相手でも、技術的に正しくないことは正しくないと言うところがある。良く言えば正義に殉ずる、悪く言えば融通がきかない、頑固一徹とでもいうか、そういう精神が受け継がれている。脈々と地下水脈を流れていたその精神がここでも顔を出したのである。

「また自工の石頭が始まった。できないことを証明するのがプロではあるまい。ボデー剛性が足りないのならほかでボデー剛性を上げて、顧客がほしいと言うセンターピラーなしの4ドアハードトップを実現してやるのが本当の技術屋魂ではないのか」

トヨタ自販が言いはしたが押し切れないまま、最後にはトヨタ自工の技術屋魂が通った。

トヨタの4ドアハードトップはセンターピラー付きと決まり、製品企画室は工販トップの合意に従った。


N車は、マークⅡの三つ子車として開発されるので、モデルチェンジ後の四代目マークⅡ、同じく二代目チェイサーとフロアパネルを共用することになる。二代目に比べて室内を広くしたとはいえ、三代目マークⅡの後席足元のレグスペースが狭いという市場からの苦情が多く、製品企画室はマークⅡ次期モデルでフロアパネルを二十ミリ長くする計画を持っていた。そのためには、先行するN車からフロアパネルを変更しなければならない。

そこで、毎月一回開かれる製品企画室副室長への月例報告会の席上、渥美主担当員は最上取締役へ報告した。

「マークⅡ現行モデルでは後席レグスペースが狭いと市場で問題になっており、マークⅡ次期モデルでは対応したいと考えていました。そのためにはフロアパネルを共用するN車に先行して織り込んでおかなければなりません。そこで、N車のリアフロアをマークⅡ現行モデルより二十ミリ伸ばして対処したいと思います。それによって、ホイールベースも二十ミリ伸びますが、新設する部品はリアフロアとリアプロペラシャフトだけで済みます」

「この前のマークⅡモデルチェンジの時にも、ホイールベースを長くしたのではなかったか」

最上副室長は見逃さなかった。

「三代目マークⅡでは、二代目マークⅡよりも六十ミリ長くしました。プラス六十ミリの内訳は、後席レグスペースを増やすために、室内長さをプラス四十ミリ、前軸分担荷重を五十五％に抑え操縦性とハンドルショックを改善するために前輪を二十ミリ前へ出したものです」

「室内長さを前モデルよりも四十ミリ大きくしてもまだ足りないと言うのか。そう言っているのは顧客か、セールスマンか」

「顧客がそう苦情を言っていると、セールスマンが言います。事実、ライバルに比べても、後席レグスペースは不足気味です。このモデルチェンジで対応しないと、市場の苦情を今後四年間引きずることになり、ライバルと互角に戦えなくなります。もしライバルが次のモデルチェンジで後席レグスペースをさらに拡大してくると、わが方はピンチとなります」

「リアレグスペースが足りなければ、前席シートバックの背面の形状をえぐってスペースを稼いだらどうか。前席レグスペースももっと削れないのか。安易にホイールベースを伸ばすことはいかん。一ミリ、二ミリを稼ぎ出してスペースを確保することが設計であり、それこそが設計者の腕の見せ所だよ。一ミ足りないからホイールベースを伸ばす、そんな安易なことが許されるんじゃ、設計者はいらないよ」

最上副室長は、マークⅡ担当の製品企画室の検討と判断には厳しさが欠けていると判断し、その主張を認めなかった。

「この後の予定はどうなっていた？　予定変更で時間が空いているんじゃなかったか」

最上副室長は秘書にたずねた。製品企画室副室長のスケジュールは三ヵ月前から分刻みで埋まっていて、急には予約をとれないのが普通である。それを秘書が管理している。

「次の就任ご挨拶の来客までの三十分は空いています」

秘書が答えた。

「よし、これが終わったらすぐにマークⅡの現行モデルを持ってきてくれ。現車を見ながらこの続きをやろう」

最上副室長はそう言って話を進めた。

報告会が終わると、渥美主担当員はすぐに車を用意させた。用意したマークⅡ現行モデルの車両に最上副室長は乗り込んで、運転席、後部座席に座ってみてはその広さを確認しながら、渥美主担当員へ次々と質問と改善提案を投げかけた。渥美主担当員もそばに付きっ切りで最上副室長に答えた。

「うーん、そうだな、今後四年間を考えると、後席レグスペースを二十ミリ増やした方が良いな。前輪を二十ミリ後ろへ下げて、ホイールベースの長さを変えずに、その分を後席レグスペースにまわしたらどうか。渥美君、そもそも前のモデルチェンジの時に、前輪分担荷重を減らすために前輪を前に出すなんて、そんなやり方は姑息だよ。その分だけエンジンルームがすきすきになる。それはエンジンルーム内の寸法のむだ使いだ。まるで風呂桶にごぼうが入っているようなものじゃないか」

必要なものは必要、正しいものは正しい、と過去のいきさつにこだわらずに認める、それが最上副室長のやり方であり魅力でもあった。

「重役のおっしゃるとおり、前輪を二十ミリ前へ出して前輪分担荷重を減らしたのは安易でした。しかし、今となっては、前輪を後ろへ二十ミリ下げて、同時に後輪も後ろへ二十ミリ下げて、その分を後席レグスペースへ振り向けるためには、リアフロアだけでなくフロントフロアまで新設しなければなりません。フロントフロアは絞りもきつく、その大きなプレス型を新設するとなると高額の型費がかかります。それでもやれ、とおっしゃるならやりますが」

「仕方がない、へたくそ設計を本来あるべき姿に戻すのだからな」

「そこまでおっしゃるんでしたら、やります」

渥美主担当員は最上副室長の意見を受け入れた。

最上副室長の言う、設計の本来あるべき姿に従って、N車の設計を見直した。ホイールベースの長さを変えないのに、フロントフロアはN車のラインオフから新設されることになった。マークⅡ現行モデルに比べて、N車の後席レグスペースは前輪後退分二十ミリとフロントシートバック厚み減少分五ミリとを加えて、二十五ミリ増え、逆に、エンジンルームの長さは、前輪後退分二十ミリとフロントオーバーハング減少分十五ミリとを加えて、三十五ミリ短くなった。

三代目マークⅡは静粛性と快適性の性能目標を達成できたので、製品企画室の考える次期モデルチェンジの性能目標には必然的に、トヨタが長年市場で不評を買ってきた、操縦性・走行安定性の向上が入っていた。

「ハンドルを切っても、フロントノーズの右左がコテンコテンとお辞儀するだけで、車が操舵どおりに曲がっていかない」

「操舵角を大きくとると、リアボデーがふわーと浮き上がり、タイヤが路面をグリップしないでこのまま抜けていくのではないかと、怖くてハンドルを切れない」

「高速道路でスピードを上げると、フロントが浮き上がり、ハンドルの効きが悪くなる」

これが、それまでのトヨタ車に共通した、操縦性・走行安定性に関する市場評価であった。

トヨタ車の操縦性・走行安定性に関するこの市場評価の原因は、一つにはトレッドが狭い、オーバーハングが長いなどの寸法諸元のアンバランスにあり、一つにはばねが軟らかいなどのばね合わせ（サスペンションばねとアブソーバーの最適組み合わせ選択）にもあったが、根底には、初代クラウン以来連綿と続いている、トヨタ技術陣に染みついた操縦性・走行安定性に関する考え方、味付けにあった。

「操縦性・走行安定性に関しては、トヨタの味付けを変えなければならない。それがN車をトヨタらしくない車にする第一要因となるはずだ」

N車の開発チームの意見はその点で一致していた。しかし、染みついた味付けからどのようにして抜け出すか、それが問題であった。

静かな、鏡のような水面を、脚の長い虫がくるくると意のままに動く。そこには、ロール（車両姿勢の左右傾き）もピッチ（車両姿勢の頭上げ頭下げ）もないではないか。まずロールとピッチを抑えよう。

「N車もこのようにありたい。ロールとピッチを減らして、アメンボのように…」

それを合言葉とした。

車の四輪にばね作用があるかぎり、ロールもピッチもある程度はやむを得ないが、それが大きくなりすぎると運転者の不安をかき立てる。

——タイヤが地面をグリップできずに、このまま抜けるのではないか。

高速走行で急操舵した時に、ロール角が大きいと運転者は不安になる。これ以上大きくなるとタイヤが抜ける、という限界を運転者が感じ取れるようなロール特性が、操縦性・走行安定性には必要である。

「操縦性・走行安定性のために足回りを固めれば乗心地が悪くなる、という。しかし、乗心地では定評のあるトヨタ技術で、その常識を覆せるかもしれない」

N車の開発チームはそう考えた。

N車では、基本計画において、車両全幅に対して内に入りすぎているといわれる、後輪トレッドをマークⅡ現行モデルに比べて二十ミリ拡大し、ばね合わせにおいてフロントとリアのバランスを重視してロール角を減らす（現行モデルマイナス十〜十五%）、左右のフロントトノーズがお辞儀しないで操舵どおりに回頭する、空力特性のフロント揚力を減らすことで高速走行時のフロント浮き上がりとハンドル効き不良を防止する、などを狙った。ばね上（ボデー）とばね下（足回り）とがばらばらに運動することを避け、ハンドル操作に従い、一体となって運動することを狙ったのである。

「操舵時にフロントノーズがお辞儀するだけで車が曲がらないのは、フロントサスペンションとリアサスペンションのバランスが悪く、ヨー（車両姿勢の頭振り）する代わりにロールするからではないか。また、操舵角を大きくとるとリアボデーが大きくロールし浮き上がるのは、フロントサスペンションとリアサスペンションのバランスが悪く、ロール角に差が生じるからではないか」

それがN車の開発チームの考えであった。その考えに基づいて、N車のばね合わせではフロントサスペンションとリアサスペンションのバランスを徹底的に重視することにした。

ばね合わせは操縦性・走行安定性に関する車両開発の重要な作業である。そこでは数多くのフロントサスペンションばねとアブソーバー、リアサスペンションばねとアブソーバーを試作し、一ヵ月ほどかけて、フロントサスペンションおよびリアサスペンションのばねおよびアブソーバーの組み合わせを幾通りも替え実車試乗を繰り返しながら、最適組み合わせを選択する。自動車性能の多くについては、理論的シミュレーションや経験的推論が可能である。しかし、ばね合わせだけは、そのほとんどを、実車試乗試験の官能評価に頼っている。理論解析もあるにはあるが、官能評価を省略するまでには至っていない。

車両の走行性（操縦性・走行安定性、加速性、ブレーキ性能）に関する担当部署は車両試験課（実験）

とシャシー設計課（設計）で、ばね合わせの実車試乗試験は製品企画室、車両試験課、シャシー設計課を中心メンバーとして行われた。

ばね合わせでは、まずフロントボデーとリアボデーのロール角を小さくすることから始めた。数多く試作したフロントサスペンションばねとアブソーバー、リアサスペンションばねとアブソーバーの中から一セットのばねとアブソーバーを選んでその実車試乗を終えると、さらにロール角を減らせそうな一セットを選んで実車試乗する、を繰り返した。

ロール角を減らすためのばねとアブソーバーの組み合わせはどうしても硬いばね（高いばね定数のばね）と強いアブソーバー（高い減衰力のアブソーバー）の組み合わせとなってしまい、硬い乗心地となってしまう。そこで、ロール角をほぼ目標値以下に抑えることができるようになると、次にはフロントとリアのばねを同時に軟らかいばねに置き替えていった。それでもロール角は増えなかった。ばねを軟らかくした後は、フロントとリアのアブソーバーを同時に弱いアブソーバーに置き替えていった。それでもロール角は増えなかった。

このようにして、乗心地を悪化させずに、ロール角をマークⅡ現行モデルより十二〜十四％減らすことができた。フロントサスペンションとリアサスペンションのバランスを取ったため、ヨーの代わりにロールすることもなくなった。同時に、低アンダーステアの度合いを示すスタビリティファクターも、横風安定性の度合いを示すヨーイング角速度も、スポーティ車並みの低い値となった。

二ヵ月間の苦闘が続いた。確認テストだけでも、ワインディングロード、サーキットコースを合わせて、十四回を数えた。

特にN車のスポーツ仕様車は、安心できる高速走行安定性と小さなロール角での操縦性・走行安定性とが売り物だけに、念入りにばね合わせを重ねた。その結果、標準仕様車、スポーツ仕様車とも、それぞれのライバル車を下まわる、小さなロール角を実現した。

「操縦性を重視すれば、当然、乗心地は悪くなる」
「ロールを減らすには、当然、硬いばねと強いアブソーバーが必要となる」
「等しいばね定数のばねと等しい減衰力のアブソーバーを装着すれば、等しい操縦性能となる」

そのような、ばね合わせ、操縦性、乗心地に関する従来の常識が正しくないこと、操縦性と乗心地とが必ずしも二律背反ではないことをN車の開発が教えてくれた。

昭和三十四（一九五九）年、自動車技術会操縦性安定性研究委員会が、自動車の操縦性・走行安定性に関連して、航空機メーカーに自動車の空力特性（クウリキと読む）に関する実験を委託した。空力特性とは空気力学特性（空気力学に関わる特性）の略称で、具体的には抗力係数、揚力係数、横力係数、縦揺れモーメント係数、横揺れモーメント係数、偏揺れモーメント係数の六係数をいい、航空機力学で用いられるものである。

「名神高速道路が開通すると、わが国でも本格的な自動車専用高速道路時代が始まる。これからの自動車スタイルには空力特性が重要になるので、この機会に主要ボデータイプの空力特性把握と自動車用風洞建設のための実験をやっておいたらどうか」

そう考えたトヨタ自工の技術部首脳が、昭和三十八（一九六三）年、六分力、風圧分布、気流観察などの、自動車スタイル開発に関わる模型風洞実験を計画した。早速、実験チームが組織され、若き日の渥美も参加した。

「抗力係数はバンタイプでもっとも低く、オープンカータイプではそれより二十％高い。揚力係数はバンタイプで著しく低い。偏揺れモーメント係数マイナス（横風によるヨーイングモーメントに対して安定）はバンタイプのみである。ボデー外面は全面においてほぼ負圧で、ベンチレーター位置の選択は要注意である。自動車開発には、外形スタイルの空力係数よりも圧力分布、風切音対策が重要で、そのためには模型風洞ではなく実車風洞こそ必要である」

実験チームはそう結論づけ、その報告書を技術部首脳へ提出した。

「外形スタイルと空力特性の関係についての貴社の模型風洞実験結果を、当委員会にてご報告いただきたい」

自動車技術会操縦性安定性研究委員会からの招請を受けて、実験チームを代表して渥美が委員会に出席し、報告した。

「横風安定のボデースタイルがある、バンタイプが横風に対して安定である、それは本当ですか。とても信じられない」

　実験方法と供試模型、実験データとその考察について渥美が説明した後でも、自動車の操縦性・走行安定性の権威と自他ともに認める、操縦性安定性研究委員長は納得しかねる表情を崩さなかった。

　それからしばらくして、トヨタ自工技術部内に実車風洞が建設された。しかし、渥美は、外形スタイルの抗力係数（$C_D$、シーディーと読む）・揚力係数（$C_L$、シーエルと読む）の数値が話題になる時代が来る、とは考えもしなかった。

　N車の製品開発が始まった頃、省資源・省エネルギー時代への予感からか、自動車の空力特性が話題に上がるようになり、燃費と加速性と最高速度に関係する抗力係数、走行安定性と操縦性に関係する揚力係数の二つが自動車の空力特性として論じられるようになった。

　N車の外形スタイルでも、時代の要請に合わせて慣れない手つきで、空気抵抗（抗力係数）を減らす努力を始めた。

　航空機とは違い、全長と全幅が小さく高さの大きい塊である自動車では、気流が剥離し渦が発生しやすくて空気抵抗が大きくなり、揚力で持ち上げられて接地力が下がり、駆動・操舵の効きが悪くなりやすい。フロントノーズに当たる気流はフードへ上がり、ウインドシールドでルーフを越える流れとフロントピラーをまわる流れとに分かれ、ルーフからの流れとフロントピラーからリアクオーターピラーをまわる流れがラゲージドア上面で合流し、後方へ流れ去る。これらの流れはまわり込む時に剥離し、剥離するたびに空気抵抗が増える。そのため、剥離をいかに減らすかが空気抵抗削減の鍵となる。

N車の外形スタイルでは、フード先端を下げて丸みを付け、ウインドシールドに平面での丸みを持たせ、フロントピラーを初めとしてキャビン周りのモールを面一化・平滑化し、ラゲージドア上面を高くし、各部を乗り越える気流の剥離をできるだけ減らすようにした。N車の抗力係数はマークⅡハードトップ現行モデルより四％減少し、小型上級車の中では最少となった。また、ラジエーターグリルの下にエアカットフラップを付けて気流の下向きの圧力を利用するようにし、揚力、特にフロント周りの揚力を減らし、高速走行時の操舵の効きを向上させるようにした。N車の揚力係数もマークⅡハードトップ現行モデルより十二％減少し、小型上級車の中で最少レベルとなった。

N車から半年遅れて、マークⅡ次期モデル、チェイサー次期モデルの外形スタイルの開発時期になると、自動車雑誌でも外形スタイルの抗力係数値、揚力係数値の話題が加熱してきた。

「こんどの新車のシーディー、シーエルはいくつですか」

新型車発表のたびに雑誌記者が必ず質問したが、ライバル車との優劣を露骨に宣伝しないという比較広告制限が業界で合意されていたため、具体的数値の明示はまだ少なかった。

——自動車で、抗力係数・揚力係数に血道を挙げることが本当に意味のあることなんだろうか。

と疑問に思いつつも、各社とも、その販売への影響を無視できなかった。

マークⅡ次期モデル、チェイサー次期モデルでは、N車での経験を生かして知恵を絞った。フード先端下げと丸み付け、ウインドシールドの平面丸み、キャビン周りのモール面一化・平滑化のほかに、フードを前方へ傾斜させ（スラントノーズと呼ぶ）、ラゲージドア上面を思い切って高くした（ダックテールと呼ぶ）。デザイン部がその試みと形状変更を実験部へ伝え、実験部がその風洞実験結果をデザイン部へ返す。それをなんども繰り返しながら、外形スタイルの開発を進めた。技術部内の実車風洞は休みなく稼動し、その実力をいかんなく発揮した。マークⅡ次期モデル、チェイサー次期モデルの4ドアハードトップの外形スタイルでは、抗力係数でマークⅡハードトップ現行モデルよりも十五％、揚力係数で二十五％、それぞれ減少を達成した。

外形スタイルの抗力係数・揚力係数の数値が話題になる時代が到来した。

# 第12章 「小さな外形、広い室内」

## 省資源・省エネルギー時代に応える

「『小さな外形、広い室内（Small Outside, Big Inside）』、そしてムダの排除と省資源こそがオイルショック後の時代の流れではないのか」

マークⅡ次期モデル、チェイサー次期モデル、それにN車の開発構想をまとめる段階で、製品企画室、国内企画部、トヨタ自販商品計画室の意見が一致した。三代目マークⅡの開発構想では、軽量化はおもに性能向上と原価低減のためのものであったが、マークⅡ次期モデルでは、省資源のための小型化、軽量化であり、それこそが将来の市場、顧客の求めるものであると理解していた。

そういう時代の流れを先取りして、現行モデルに比べて、マークⅡ次期モデルの4ドアセダンではボデー外板の全長を二十ミリ、特にフロントボデーの長さを三十五ミリ、リアボデーの長さを五ミリ、それぞれ短くし、逆に室内寸法の方は室内長さを二十ミリ（リアレグスペースは二十五ミリ）、室内幅を二十ミリ、室内高さを五ミリ、それぞれ大きくした。

軽量化でも、マークⅡ次期モデルの4ドアセダンの車両重量で、現行モデルに比べて、小型化によるもの三十四キログラム、合理化によるもの十六キログラム、樹脂化・高張力鋼化によるもの十キログラムの合計六十キログラムの重量低減を達成した。ただし、居住性、安全性、商品性、性能の向上のために二十五キログラムの増加をみたので、それらを差し引きすると三十五キログラムの軽量化となる。

その結果、マークⅡ次期モデルの四速オートマチック車は、ライバルのローレル三速オートマチック車に比べると八十五キログラムも軽く、ライバルのスカイライン三速オートマチック車に比べると六十キログラムも軽いという、軽量車となった。

マークⅡ次期モデルの軽量化には、小型化による1G－Eエンジン、フロントブレーキ、ESC、フードヒンジなど、合理化によるフロントボデー、バッテリキャリア、ワイヤーハーネスなど、樹脂化によるエアクリーナー、エンジンアンダーカバー、エネルギー吸収バンパーなど、高張力鋼化によるフード、フロントドア、リアドア、ラゲージドアなどが寄与していた。車両重量の中に占める樹脂の使用量は六％、高張力鋼の使用量は五％、アルミ使用量は約五％となった。樹脂化、防錆鋼板採用による防錆も省資源の一つ、と考えていた。

モデルチェンジのたびに大型化、装備充実、性能向上、そして価格据え置きの戦略を採ってきた自動車の製品開発の歴史から見れば、ボデー外板の全長の短縮は異例であり、販売上のリスクを伴うものであった。

「省資源・省エネルギーは時代の要請である。販売リスクを覚悟して、時代の要請を先取りし社会的責任を果たそう」

製品企画室、国内企画部、トヨタ自販商品計画室は覚悟の決断をした。

マークII系三車種の、N車、マークII次期モデル、チェイサー次期モデルのボデー形状では、N車が4ドアハードトップのみの一形状、マークII次期モデルが4ドアセダン、4ドアハードトップ、バン・ワゴンの三形状、チェイサー次期モデルが4ドアセダン、4ドアハードトップの二形状、であった。

三車種にはそれぞれ、車種ごとまたボデー形状ごとに、異なる外形スタイルが要求されていた。一方で、インナーパネルはもちろんのこと、アウターパネルさえもできるだけ三車種間で共通化して全体の部品点数を減らし、台当たりプレス型費償却負担を減らし、製造原価を下げ、それぞれの車種の販売価格を低く抑えることが必要条件として課せられていた。

N車、マークII次期モデル、チェイサー次期モデルのインナーパネルとアウターパネルの共通化について、製品企画室は次のように指示した。

（一） エンジンコンパートメント（エンジンルーム周りのボデー）とフロアパネル

N車、マークII次期モデルの4ドアセダン、4ドアハードトップ、バン・ワゴン、チェイサー次期モデルの4ドアセダン、4ドアハードトップの間で共通

（二） サイドメンバー（ピラー、リアクォーターパネル）

マークⅡ次期モデルの4ドアセダン、チェイサー次期モデルの4ドアセダンの間で共通、また別にマークⅡ次期モデルの4ドアハードトップ、チェイサー次期モデルの4ドアハードトップの間で共通

(三) フロントドア

マークⅡ次期モデルの4ドアセダン、バン・ワゴン、チェイサー次期モデルの4ドアセダンの間で共通、また別にN車、マークⅡ次期モデルの4ドアハードトップ、チェイサー次期モデルの4ドアハードトップの間で共通

(四) リアドア

マークⅡ次期モデルの4ドアセダン、バン・ワゴン、チェイサー次期モデルの4ドアセダンの間で共通、また別にマークⅡ次期モデルの4ドアハードトップ、チェイサー次期モデルの4ドアハードトップの間で共通

これは、大胆な、パズルのように複雑な共通化案であった。

先行して開発を進めたN車の外形スタイルは、「トヨタらしくない車」のイメージが開発チーム全体に浸透していたせいか、比較的すんなりと決まった。

「石を研ぎ出したような硬いシャープな膚、一刀彫の味」

その造形イメージをそのまま体現したものに仕上がった。インストルメントパネルのデザインもN車

専用として承認された。

問題は、マークⅡ次期モデルとチェイサー次期モデルの4ドアセダン、4ドアハードトップの外形スタイルであった。マークⅡ次期モデルとチェイサー次期モデルでは、4ドアセダン、4ドアハードトップとも、それぞれ共通のサイドメンバーを使う。

4ドアハードトップでは、後席の使用頻度が比較的高いため、2ドアハードトップ以上に後席ヘッドクリアランスを大きくする、すなわち、リアクォーターピラーの傾斜を立て気味にするので、グリーンハウスが大きくなる。これは、4ドアセダンの外形スタイルに近づくことを意味する。4ドアハードトップのみでセダンユーザーをも取り込む、N車のグリーンハウスもセダンに近づく。

N車（4ドアハードトップ）、マークⅡ次期モデルとチェイサー次期モデルの4ドアセダン、4ドアハードトップの間で外形スタイルの差別化を図るために、デザイン部は頭を抱えていた。

「N車とも違う、4ドアハードトップとも違う、ひと目でそれとわかる、シックスライトのセダンはどうか」

デザイン部による新提案に皆が乗った。

リアクォーターピラーに小窓を付けるシックスライト（「六個の窓明かり」の意味）は、ハードトップなどのような、リアクォーターピラーを大きく傾けてスポーティに見せるファストバックスタイルに対して、誰が見てもひと目で4ドアセダンとわかるものであった。しかし、小窓周りの構造・部品が増えて重量増加と原価増加を招くため、重量目標と原価目標の達成には痛い提案であったが、製品企画室も外形デザインの差別化を支持した。
マークII次期モデルとチェイサー次期モデルの4ドアセダンの外形スタイルに、シックスライト採用が決まった。同時に、現行モデルに比べて、フロント回りのガラス開口面積を増やし、フロントピラーを細く、フードを低く（マイナス二十〜三十五ミリ）、インストルメントパネルを低く（マイナス二十五ミリ）、ベルトラインを低く（マイナス十ミリ）、逆にドア開口部を高く（プラス十ミリ）し、ガラス面積を増して（プラス十三％）、明るい、視界の良いセダンとした。N車も含めて4ドアセダン、4ドアハードトップともウインドガラスは接着タイプとし、段差を減らして面一化を図った。

乗用車のキャビンの構造は、強度・剛性を確保するためのルーフパネル、フロントピラー、センターピラー、リアクォーターピラー、視界を確保するための前面のウインドシールド、側面のドアガラス、後面のリアガラスとで構成される。リアクォーターピラーを立ててルーフとラゲージ上面との段差を明確に区別するスタイルをノッチバックスタイル、ルーフからラゲージ上面へなだらかに傾斜するスタイルをファストバックスタイルという。また、視界確保のガラス面は意匠上からライト（窓明かり）と呼ばれることがあり、前面、右側面、左側面、および後面の4ライト（フォーライトと呼ぶ）が一般的であるが、リアクォーターピラーにも小窓を付ける6ライト（シックスライトと呼ぶ）もある。

「アウターパネルを共通化すれば外形スタイルが似るのは当然である」

「異なる外形スタイルとするには、当然、すべてのアウターパネルが違わなければならない」

そう主張するデザイナーがいる。

異なる外形スタイルとするにはアウターパネルを変える方がはるかに容易であるが、アウターパネルが違っても似たような外形スタイルになることもあるのだから、アウターパネルが共通だからといってあきらめるのは早過ぎる。アウターパネルを共通化しても外形スタイルの差別化が可能である。

むしろ、アウターパネル共通化によって、プレス型費を減らし、製造原価を下げて販売価格を下げ、それによって販売台数が増え、ヒット商品となる確率が増えれば、それもデザイナーへの利益となると考えることもできる。

「技術的に優れた商品を造れば売れるはず」

「これだけ苦労して開発した、高い技術の商品なのだから安売りするな」

そう主張する技術者がいる。

売れるためには、優れた技術も必要であるが、商品が顧客ニーズに合っている、合っていることを顧客が理解している、お買い得感がある、ことも必要不可欠である。ヒット商品は必ずこれらを備えている。「技術者の技術、努力を認めてもらいたい」と思うなら、技術的にも優れ、同時にお買い得感もある、魅力的なヒット商品にして人々の話題にのぼるようにすること、そのための妥協をいとわないことも技術者に必要である。

企業内では、新製品のための製品開発と新技術のための技術開発とが並行して進んでいて、新製品に間に合うタイミングで進んでいる新技術・新機構が採用される。主査が開発構想作成に際して社内外に事前依頼するものもあるが、主査のところへ研究、デザイン、設計、生産技術の各部がアイディアの売り込みに来ることもある。自分たちの開発成果やアイディアを、主査ごとに個別に売り込みに行く場合、紹介と売り込みのための製品企画室向けの展示会を開催する場合、などがある。

「各主査の性格と興味を事前に調べて、アイディアごとに脈がありそうな主査のところへ持っていく」

という作戦も採られる。

三代目マークⅡでは、風速型エアコンルーバーを採用し、体感風速も活用して空調性能を達成したが、マークⅡ次期モデルでは、体感風速に頼らずに、風量と吹き出し温度分布とで空調性能の品質感をさらに高めたい、と製品企画室は考えていた。

「島本主査、こんな絵を描いてみましたが、どうでしょうか」

めずらしく会議の予定もなく席にいた島本主査のところへ、内装デザイン課の千葉係員が一枚のスケッチを持って近づいてきた。

千葉係員が差し出したアイディアスケッチは乗用車のインストルメントパネルで、そこには今まで見たことのないエアコンルーバーが描かれていた。

これまでのエアコンルーバーは丸型または角型で、どのタイプでも、ルーバー外枠と一体のフィンが傾いて吹き出し角度を変える方式を採っていた。そのため、吹き出し角度を大きくとると、ルーバー外枠も大きく傾いて吹き出し口をふさぎ、エアコン風量を減らすという欠点があった。

千葉係員のアイディアスケッチに描かれたルーバーは角型で、ルーバー外枠がなく、横フィンと縦フィンが前後二列に配置され、ルーバーの右または下に頭を出している各ローターをまわせば、それぞれ横フィンまたは縦フィンがいっせいに向きを変えるというものであった。

「ほお、めずらしい、見たことのないルーバーだね」

主査席のそばの丸テーブルに千葉係員と向かい合って座り、メモ書き用紙を取り出しながら、島本主査がにこにこ顔で答えた。千葉係員が、控えめな態度で、アイディアスケッチを説明しだした。

「主査、エアコンルーバーではフィンの向きを変えようとすると、フィンと一体の外枠も傾いて吹き出し口をふさぎますね。それをなんとかしたいと考えていて、こんな絵になったのです。こういうのは、今まで見たことないんですが、ものになりませんか」

「そうだね。世界中のどの車もやっていないようだね。おもしろいアイディアだけど、実現性はどうだろうね」

そう言ってから、島本主査は会議資料を書いている渥美主担当員を呼んだ。

「なるほど今まで見たことありませんね。これならインストルメントパネルの意匠がすっきりしますね。ルーバーの吹き出し角度によらず風量は一定になるし…。部品点数が多くなって製造原価は高くなる、可動部分が多くてうまく作動するかどうか、という問題はありますけどね」

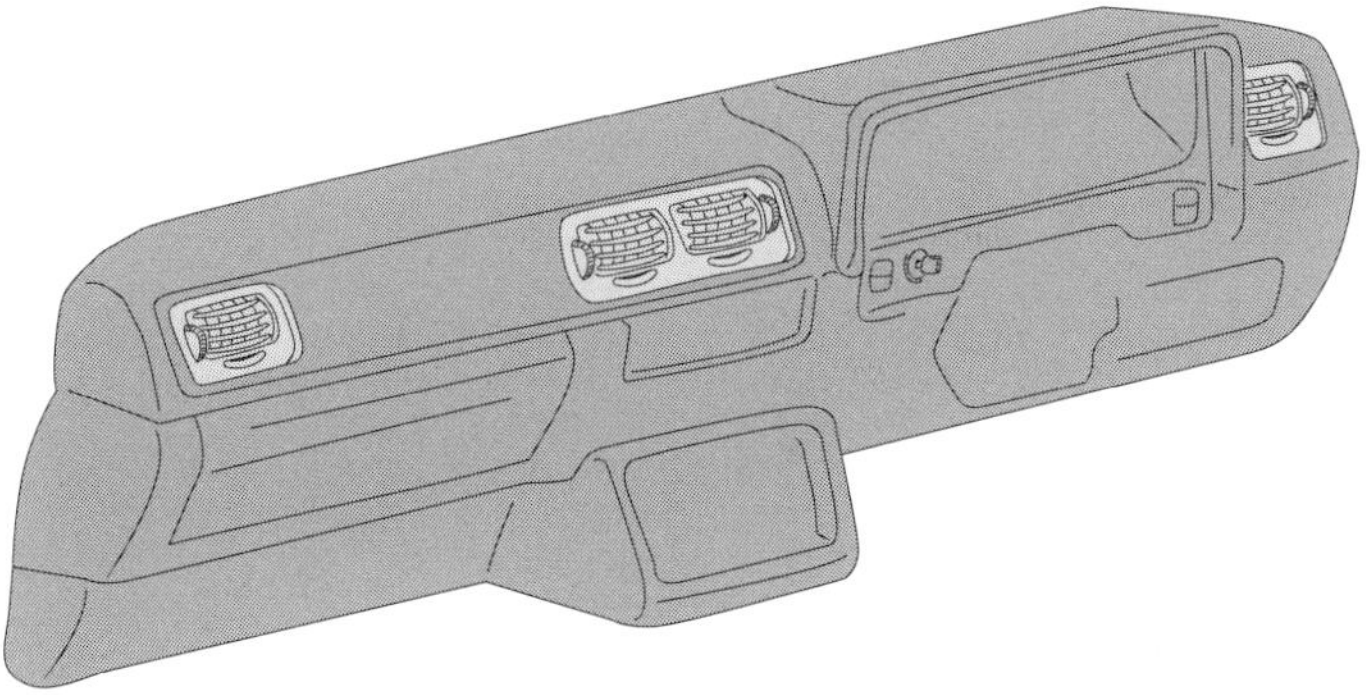

可動フィン式ルーバー

島本主査の前に広げられたスケッチ画をのぞき込んで、渥美主担当員は気づいた長所と短所だけを述べた。

「うーん、うまく作動するだろうか。もしこれをマークⅡ次期モデルに採用するとしたら、発売までに開発が間に合うだろうか」

島本主査は、斬新なアイディアに魅力を感じながらも、その開発が発売時期に間に合うか、その時の品質レベルは十分かの見通しを立てた上で採否を決めたいと思った。

「主査、将来、世界中の車のエアコンルーバーはこのような可動フィン式ルーバーになるかもしれませんよ。この斬新なアイディアの、世界初の採用車になりましょう。ちょうど、マークⅡ次期モデル、チェイサー次期モデルのエアコンは、体感風速に頼らずに、風量と吹き出し温度分布だけで均一な室温分布を達成するエアコンを目指していますから、それにぴったりじゃないですか。開発にはいろいろ難しいことがありそうですが、苦労のしがいがあるというものですよ」

渥美主担当員は、千葉係員のアイディアスケッチにすっかり惚れ込み、何としてもものにするという決意表明が必要だ、と感じた。

インストルメントパネルは４ドアセダン用、４ドアハードトップ用に分け、それぞれをマークⅡ次期モデル、チェイサー次期モデルで共用することにしていた。

一週間後に、製品企画室が新型ルーバーの検討会議を招集し、インストルメントパネルとエアコンに関係する内装デザイン課、内装設計課、艤装設計課、熱実験課がそれぞれの検討結果を持って集まった。

「作動部品の点数が多く、作動不良発生の危険性が高い。部品を最大限に共通化しても、製造原価は現行ルーバーの三倍にはなるだろう」

内装設計課が懸念を表した。

「新型ルーバーは、室温均一化には有効と思われるが、体感風速に頼らないで最大冷房能力を確保するには、開発進行中のルーバーの一・五倍のルーバー面積が必要になるだろう」

熱実験課が断定的に問題点を指摘し、インストルメントパネルのデザイン修正が必要との見解を示した。

各課の検討結果、問題点を確認した上で、渥美主担当員は主査に代わって決意を述べた。

「われわれは現行モデルで十分なエアコン性能を実現したが、ただひとつ、体感風速に頼らない冷房性能を実現できていない。この新型ルーバーを使えば、それが実現できるかもしれない。新型ルーバーは設計、原価、開発日程から見て大変難しいが、それをなんとか成し遂げたい。そのために、すでに承認済みのインストルメントパネルのデザインも再提案したい」

もちろん、新型ルーバーに賭けること、デザイン審査で承認済みのインストルメントパネルのデザインを再提案することについて、事前に島本主査の了解をとってあった。

ルーバー面積を広げ、メータースペースを狭めた、インストルメントパネルの意匠再提案もデザイン審査で承認され、一次試作に向けた新型ルーバー設計が始まった。

内装デザイン課の意匠案ではフィン形状は一枚一枚微妙に違っていたが、内装設計課はこれを大胆に共通化した設計図を描いた。フィンの成形型を共通にして成形型費を安くし、フィンの製造原価を下げる方策であった。共通フィンにすると、ルーバーフィン列はインストルメントパネルの意匠面とは合わずにわずかな窪みができるが、ルーバー周りがすっきり見えることに変わりはなかった。

新型エアコンルーバーを搭載した一次試作車が完成した。

島本主査は渥美主担当員をつれて一台一台新型ルーバーの操作フィーリングを見てまわったが、満足に操作できる試作車は一台もなかった。ルーバーの右または下に頭を出しているロータ―式のフィン調整ノブがまわらなかったり、まわってもフィンが向きを変えなかったりと散々であった。

しばらくして、一次試作車のエアコン性能の実験結果を持って、熱実験課が島本主査に報告に来た。

「新型ルーバーは室温均一化には有効で、乗員のフィーリング評価でもたいへん好評です。最大冷房性能は、数値上もやや不足していて、体感風速に頼らないため、現行モデルより劣ると顧客に評価される危険性があります。その危険性を避けるためには、ルーバー面積をさらに二十％増加させる必要があります、インストルメントパネルの意匠から見ると、それは無理だと思いますが」

二、三日して、内装デザイン課、内装設計課、熱実験課がつれだって島本主査のもとにやってきた。

「主査、新型ルーバーの提案を取り下げさせてください」

内装デザイン課の千葉係員が、思いつめた様子で、まず口を開いた。

「一次試作車のルーバーはどれも作動不良でした。狭い空間に多くのフィンを詰めたためリンクの剛性が不足し、しかもフィンピボット摺動部の加工精度も悪く、抵抗が大きくて摺動しませんでした。マークⅡ次期モデル発売時に問題なく立ち上げる自信がありません」

内装設計課が理由を述べた。

「せっかく良い評価を得ている現行ルーバーを、危ない新型ルーバーに替える必要はないと思います」

熱実験課が、あえて危険を冒したくないと、守りの姿勢を示した。

よほどのことがない限り、自分のアイディアを捨てたいと申し出るデザイナーはいないことを島本主査も渥美主担当員も知っていた。

「島本主査、もう一回だけ、二次試作だけ、やらせてください。それでだめなら現行タイプに戻しましょう。熱実験課の言うように、ルーバー面積を二十%広げてみましょう。内装設計課が言うように、フィン枚数を大幅に減らし、リンク剛性を上げ、摺動抵抗を減らしてみましょう」

あきらめるには惜しいと感じて、渥美主担当員が口を開いた。渥美主担当員の必死の願いに応じるように、島本主査が二次試作での再挑戦を許可した。

急ぎ、内装デザイン課がインストルメントパネルの断面形状とR形状の修正を検討し、内装設計課がフィン枚数を大幅に減らした設計図を描き、熱実験課が一次試作車を改造してルーバー面積二十%拡大の効果を確認した。

二次試作車が完成した。島本主査は渥美主担当員をつれて二次試作車を見てまわった。

「フィン枚数が減って、フィンの隙間からダクト内部が見えるなあ」

島本主査は、そう言いながら、新型ルーバーの操作フィーリングを確かめて歩いた。操作フィーリングはいま一歩の感じであったが、一次試作車よりはだいぶ良くなっていた。

「生産用のフィン成形型を使う生産試作になれば、なんとか行けるんじゃないかな」

島本主査は自信あり気にそう言った。それを見て、渥美主担当員もうなずいた。

後日、新型車発表会の席上で、新型ルーバーは好評であった。

新型ルーバーの発表から二年がたって、国内メーカーの新型乗用車に外枠のない可動フィン式ルーバーが現れるようになった。五、六年がたって、海外メーカーの新型乗用車にも外枠のない可動フィン式ルーバーが現れるようになった。

# 第13章 ひと目でわかる商品魅力を

## ロココ調シートを車に

三代目マークⅡでは、最高級グレードに「グランデ」という、グレード名称としては異例の、フルネームをつけて成功した。

「グランデがほしい。グランデを買いたい」

と言うお客がトヨペット店の営業所に押しかけた。セールスマンも、グランデ、グランデと、あたかもマークⅡとグランデの両方を販売している気持ちになっていた。

「三代目マークⅡの最高級グレードは、フルネームのグレード名称をつけて、将来は別車種格としたい。そうして、マークⅡからクラウンへの上級志向、それに伴うトヨペット店からトヨタ店への顧客移行を防ぎたい」

三代目マークⅡ開発の時に、そう言って、トヨタ自販商品計画室が製品企画室と国内企画部に「グランデ」名称の必要性を力説した。その結果はトヨタ自販商品計画室の狙いどおりになっていた。

「顧客は、次期モデルのグランデに、現行グランデ以上の大きな期待を持っている。次期モデルのグランデにどのような魅力を持たせるか、持たせられるか、それがグランデをこれからも育てられるかどうかの分かれ道となる」

三代目マークⅡの成功を受けて、マークⅡとチェイサーの次期モデルチェンジ構想の打ち合わせの初めから、製品企画室、国内企画部、トヨタ自販商品計画室が次期グランデ仕様について協議を重ね、知恵を出し合ってきたところであった。

「商品魅力というものは、理屈を説明しないとわからないものではだめなんです。見ただけで納得する、これは特別だと思う、ひとことで言い表わせる、そういう商品性がセールスには大切なんですよ。もちろん、セールスマンは商品魅力を言葉でも説明しますけどね」

トヨタ自販商品計画室の生駒次長が製品企画室にそう力説した。商品計画室や車両販売部と一緒に三代目マークⅡの販売促進を進めた経験から、製品企画室もその意味がわかるようになっていた。

開発構想の商品コンセプト（販売では商品魅力、セールスポイント、となる）には、顧客が商品を購入してから、しばらく使い続けてやっとその価値を理解するものが多い。価値ある商品コンセプトほどその傾向がある。購入前の顧客を惹きつけるには、そのような商品コンセプトだけでなく、見ただけで納得できる商品コンセプトも用意しておかなければならない。

ところが、製品企画室、国内企画部、トヨタ自販商品計画室は三者とも、顧客の「現行グランデ以上の大きな期待」では理解し合うものの、「次期グランデにどんな仕様を付与すれば顧客の期待に応えられるのか」となると具体的なアイディアが湧かなかった。毎週のように協議を重ねながら、協議のたびに問題点を確かめ合い、二、三の思いつきを出し合い、そして次回を約束して別れた。

日時が重なっている会議の前半、中間、後半と一部分ずつを梯子しながら、出席すべき会議を抜け出してまで、デザイン部が主催する「ヨーロッパのデザイントレンド」と題する報告会をのぞいてみる気になったのは、渥美主担当員の頭の中にグランデ仕様に関するこの宿題が重くのしかかっていたからに間違いない。もっとも、そこに行けばヒントが得られるかもしれないと感じていたわけではない。

――たまには頭を休めてみようか。

渥美主担当員はそんな軽い気持ちで足を向けた。あまり期待はしていなかった。

会場の技術本館講堂に渥美主担当員が入っていった時には、すでに報告会が始まっていた。会場はほぼ六十％の入りで、周りを見まわすと、デザイン部、設計部、製品企画室の顔見知りが多かった。マークⅡ担当の製品企画室からは、渥美主担当員のほかには、誰も来ていなかった。

――やっぱり、モデルチェンジを抱えていない、暇な製品企画室が多いな。

渥美主担当員はそう思った。

演壇に立って説明をしているのは、デザイン部の山科部長であった。

――デザイン部はこの報告会を重要な各部教育の場と見ている。

その熱の入れようを見て、渥美主担当員はすぐに理解した。

「近年、世界のデザイントレンドを主導するのはヨーロッパになってきている。ここで改めてヨーロッパのデザインとデザインに対する価値観を理解しておくことが、トヨタ車開発にとっても、トヨタ車のヨーロッパ輸出にとっても、重要なことである」

山科部長はまずこの報告会を開催することになった理由を語り、次いでスライドを使ってヨーロッパのデザインの背景と最近のトレンドを幅広く説明し始めた。

デザイン部の人々のプレゼンテーションは風景写真、雑誌記事、小物などの使い方が実にうまい。技術屋のように核心を直接説いたりはしない。聴いている人は、次々と現れる情景、文物の流れの中に浮かんでいるうちに、なんとなくわかったような気にさせられてしまう。山科部長の話もまた実に心地良かった。

――なんだ、必ずしも車のデザインの話ではないじゃないか。

渥美主担当員の注意力がやや散漫になりかけ、気持ちがゆるみ始めていた。

「ヨーロッパの人々には、先祖代々受け継がれた、高価な、重厚な、古い家具調度をこよなく愛する習性がある」

ヨーロッパの貴族の邸宅のものとおぼしき広い居間とロココ調のソファや椅子のスライドを示しながら、山科部長の話が家具調度に及んだ。ぼんやりとそれを見ていた渥美主担当員はその瞬間に自分の背筋がピンとするのを覚えた。

――そうだ、グランデのシートを、機能一本やりのこれまでの自動車用シートとは逆に、ヨーロッパ家具調のシート、ドレッシイなロココ調のシートにしたらどうだろう。これこそ生駒次長の言う「見ただけで納得する、これは特別だと思う」ではないのか。しかも、他車にはない、今までに見たことのない豪華さがある。これこそ次期グランデにぴったりではないか。

渥美主担当員ははたと膝を打った。

渥美主担当員が急いで製品企画室の席に戻った時に、島本主査もめずらしく席にいて、来客もなかった。渥美主担当員はまっすぐ島本主査の席へ向かって歩いていった。

「島本主査、今、講堂で、山科部長の『ヨーロッパのデザイントレンド』の話を聞いてきました。その中で、ヨーロッパ調の高価な、重厚な、家具調度を見ていた時に、次期グランデにドレッシイなロココ調シートを使ったらどうか、と思いついたのです。これなら、豪華で、見ただけで納得できる、他車にはないもので、次期グランデのシートにはぴったりではないかと思ったのです。主査のご了解が得られれば、内装デザイン課にアイディアスケッチをお願いしてみますが」

突然の提案を、島本主査は何も言わずにじっと聞いていた。

――そのほかにアイディアはないか、結論を急がずにしばらく様子を見たい、と主査は考えている。

――主査は決断までに時間がかかるが、良い結果になれば必ず乗ってくるはずだ。

島本主査が黙っていても、今主査がなにを考えているか、主査付である渥美主担当員にはおおよそわかっていた。

「主査、検討だけはやらせてください。ものにするかどうかの判断はしばらく後でもいいですから」

渥美主担当員は検討の了解だけを取る策に出た。

採否を明確にできない段階ながら、渥美主担当員は次期グランデ用シートの意匠検討を内装デザイン課に依頼することにした。

それから一ヵ月たって、

「主査、次期グランデ用シートのアイディアスケッチができましたので、ご検討をお願いします」

内装デザイン課の新庄課長が島本主査のところへ来て言った。

さっそく、島本主査は渥美主担当員をつれて内装デザイン課へ出向いた。内装デザイン課には三案のアイディアスケッチが壁に張られていた。新庄課長が三案のそれぞれについてその狙い、特徴、予想効果を簡単に説明した。内装デザイン課の説明が終わって、製品企画室が意思表示をする段階になって、まず口火を切るはずの島本主査が、どれが良いともこれはどうだとも、意思表示をしなかった。

島本主査の意思表示がないのを見て、渥美主担当員が代わって発言した。

「主査、これはいかがでしょうか。このボタン引きシートは豪華で、これまでの乗用車にはない、インパクトがあります。家具用シートに比べると乗用車シートははるかに厳しい耐久性が要求されますから、これくらいのものを搭載すればライバルもきっと追いつけないでしょう」

内装デザイン課の綾部係員の描いたボタン引きシートは、シート天板をパッチワークで構成し、その

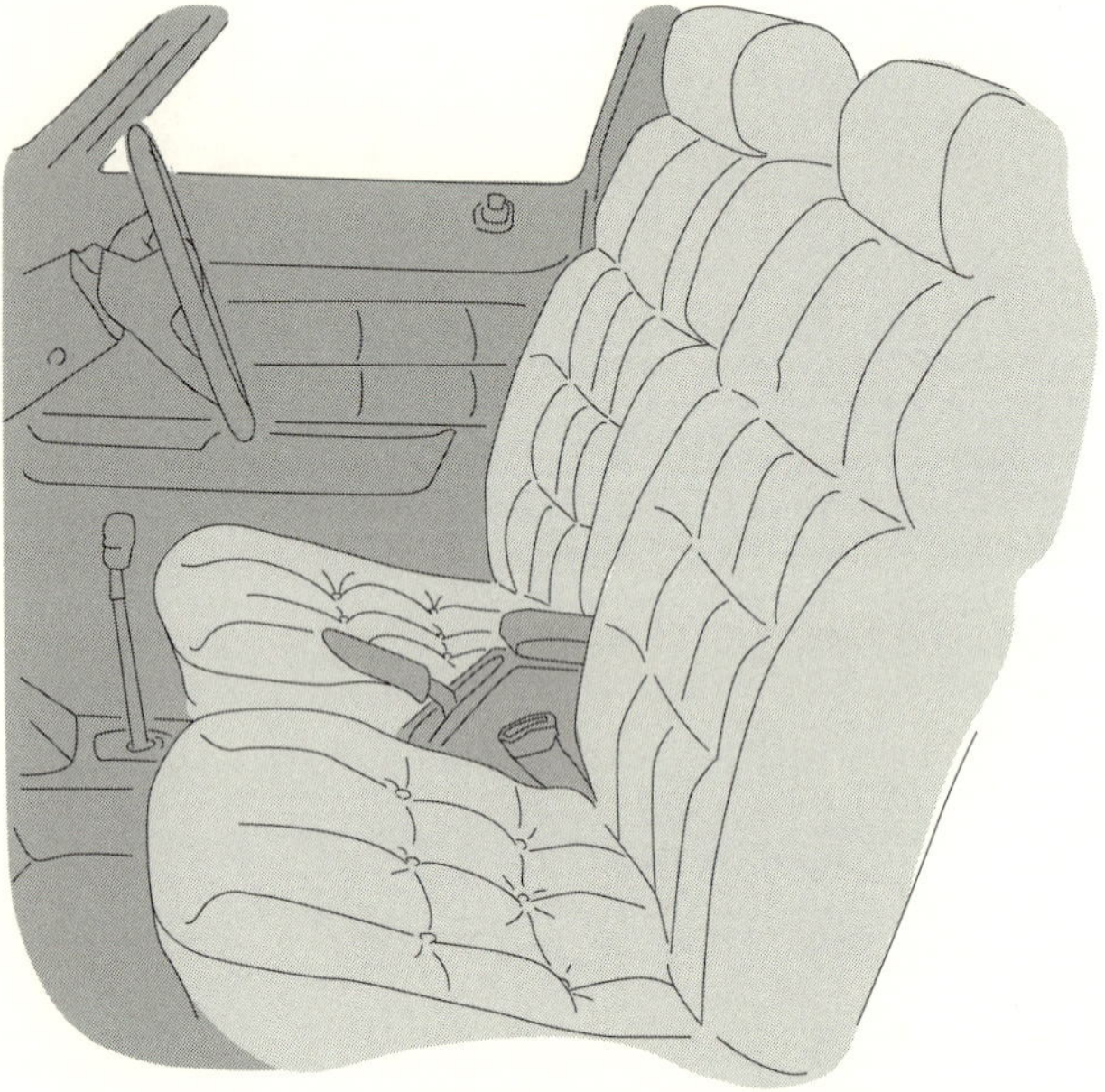

ボタン引きシート

縫い目をボタンで引き込んだものであった。それを聞いて、島本主査も同意した。

島本主査の同意を得て、渥美主担当員が内装設計課にボタン引きシートの設計検討を依頼した。一週間後に、内装設計課が製品企画室に検討結果を報告に来た。島本主査は、内装デザイン課も呼んで、一緒に内装設計課の話を聞いた。

「原案では、シートクッションもシートバックもともに、天板のパッチの数と縫製が多すぎます。これでは縫製に手間がかかりすぎて製造原価が高くなり、生産性が悪くて、パートをいくら雇っても生産台数が限られます。およそ量産の工業製品にはなりません。ボタン引きのボタンをひとつひとつどう布でくるむか、くるんだボタンをどうひもで引くか、くるんだボタンがクッション座面をこする耐久試験に耐えられるかどうかなどが問題で、そのどれも難しい。これだけ複雑なシートをラインタクト（生産ラインの速度）の早いトヨタ自工ラインで内製することはとても不可能です」

予想されたこととはいえ、内装設計課の越後係長の検討結果は厳しかった。内装デザイン課の新庄課長も綾部係員もデザイン意図を保ちながら妥協できる範囲をあれこれと提案したが、内装設計課の示した疑問点を解消するまでには至らなかった。

——このままでは、ボタン引きシートは陽の目を見ない。そして次期グランデの売り物がなくなる。グランデが売れなければ、マークⅡ次期モデルは失敗する。

そう考えると、渥美主担当員はこのままあきらめるわけには行かなかった。

渥美主担当員は、島本主査の了解を得て、ひとりでシート専門メーカーの荒川車体工業㈱の技術部を訪ね、事情を説明して協力を頼んだ。

「ご承知のように、マークⅡのグランデがたいへん好評です。好評だからこそ、実は次期グランデの仕様をどうするかで悩んでいるのです。幸い、内装デザイン課がごらんのような豪華なシートのアイディアを出してくれました。たいへん手の込んだ構成で、製造に手間ひまのかかるものですが、これを何とかものにしたいのです。しかし、これだけ複雑なシートをトヨタ自工の製造ラインで内製することはとても不可能です。そこでシート専門メーカーの貴社にお願いにあがりました。ご検討いただけないでしょうか」

「わが社でも手がけたことのない豪華なシートですね。まるでロココ調の家具シートみたいだ。次期グランデの試作を引き受けるのは荒川車体としても嬉しいのですが、これを本当にやるんですか」

荒川車体工業㈱の技術部の小笠原部長は慎重に答えた。

「ご承知のように、自動車メーカーは、シートが車両製造原価に占める割合の大きな金食い虫だということを知って、組立工場の車体組立ラインの側にシート組立ラインを作り、シートの内製化を図っていますね。これまで専門メーカーに外注していたシートが次々と内製化されてしまっては、シート専門メーカーの荒川車体さんにとって由々しき問題となるはずです、手をこまねいて見ていられないはずです。量産タイプの簡単なシートなら、自動車メーカーが組立ラインの側で片手間に造れ、内製化できる。そこで荒川車体さんはこの際、このボタン引きシートのような、自動車メーカーではとても内製できないものを手がけないと、専門メーカーとしての将来がないのではないですか」

渥美主担当員は、脅しにならないように気を遣いながら、しかし荒川車体工業㈱の立場に立って将来を見通しながら、この協力が荒川車体工業㈱にとっても価値のあることを説いた。

「おっしゃることはよくわかります。当社の役員会に諮ってご返事いたしましょう」

技術部長の小笠原はそう答えた。

二週間後に、荒川車体工業㈱の小笠原部長から渥美主担当員へ電話があった。

「渥美さん、当社の役員会がボタン引きシートの試作を引き受けると決めました」

準備は万端整った。

渥美主担当員は製品企画室、国内企画部、トヨタ自販商品計画室とで次期グランデの仕様を確認・合意する会議を開くことにした。できるだけ早く、なんとか年内に開きたいと奔走したが、製品企画室、国内企画部、商品計画室の会議日程の調整がなかなかつかなかった。

どこの企業も年末の十二月は忙しい。どの部署も、どの人も、それぞれ年末を区切りと考えていることが多いからである。自分の仕事だけでもけりを付けて、次の部署に手渡してから年末の休みに入りたい、そして宿題のないゆったりした気分で新年を迎えたい、と考える人が多いから、十二月は仕事も会議も盛りだくさんとなる。

十二月十四日（金）の午後五時だけが空いていた。会議室も他部署―海外企画部―の会議室を借りた。製品企画室の島本主査と渥美主担当員、国内企画部の黒崎次長と扇谷係長、トヨタ自販商品計画室の生駒次長と沓名係長が出席した。会議の初めに、製品企画室がボタン引きシートを含む次期グランデの仕様を提案し、ボタン引きシートの設計内容、試作状況、予想原価、生産見通しなど、これまでの進行状況を報告した。

報告が終わって製品企画室案に対する討論が始まった時、渥美主担当員は猛烈な腹痛に襲われた。

――そう言えば、課長食堂で昼食にてんぷらを食べてから、どうも胃がもたれると思っていた。

そう思いながら、渥美主担当員は出席者に中座する詫びを言ってトイレに急いだ。いままでに経験したことのない、水のような下痢であった。会議室へ戻ろうとしてなおも悪心を感じ、会議室に近い海外企画部の課長席を借りて腰をおろしたが、まもなく意識が消えていくのを感じた。

「…大丈夫ですか。おーい皆、手を貸してくれ。応接室のソファに運ぶんだ」

海外企画部のスタッフが遠くの方で叫ぶのを渥美主担当員は聞いた。

「救急隊です。担架を持ってきました。そのまま、そのまま、起き上がらずに」

トヨタ自工社内の救急隊が駆けつけて、応接間のソファに横になっていた渥美主担当員を担架に乗せて運んだ。救急隊の救急車に乗せられて、渥美主担当員はすぐ近くのトヨタ病院へ運ばれた。

——初めて乗ってみたが、救急車のサスペンションは意外に固いんだな。

渥美主担当員は、救急車が右へ左へと曲がるのを感じながら、そう思った。

渥美主担当員は、トヨタ病院の救急外来で点滴を受けながら、眠りに落ちた。

「…大丈夫？　おかしいな、帰ってこないな、とは思っていたが、ぜんぜん気がつかなかった」

眠りからさめた時、渥美主担当員の顔の上に島本主査の顔があった。その脇には、渥美主担当員の妻も立っていた。

「年内最終日、業務終了後の夕方からボタン引きシートの縫製試作を行いますので、立ち会ってもらえませんか」

荒川車体工業㈱から電話が入った。ボタン引きシートには、縫製の手間をどうするか、ボタンによる引き込みをどうするかなどを、縫製試作を行って検討する必要があった。

年末の最終日の最終の会議を終えて、机の上の書類を決裁して、「良いお年を」と製品企画室のスタッフに声をかけてから、渥美主担当員は荒川車体工業㈱の試作工場へ向かった。

内装設計課の越後係長も来ていた。荒川車体工業㈱の試作課の見慣れた面々が石油ストーブの柵の周りに集まっていた。

「皆さん、年末の忙しい時にご苦労様です。今日はこのシートが成り立つかどうかを何としても見届けたい。成り立ちが確認できるまで、私も皆さんに付き合います。難しいシートなので、皆さんの経験を生かして生産性の良い縫製方法を検討してください、また、デザインイメージさえ壊さなければ、修正、妥協に応じるつもりですから、いろいろ注文を付けてください。もし、縫製には大勢のパートが要るというなら、通勤用のマイクロバスを用意してくれれば、私がかき集めてくる覚悟です」

荒川車体工業㈱の試作スタッフを前に、渥美主担当員は決意を述べた。うなずいて聞いていた試作課のスタッフは、グループに分かれて、持ち場、持ち場に散った。

数種類のシート天板を縫製してみては、持ち寄って批評し合い、改良意見を出し合い、また縫製に向かう、そのようにして夜遅くまで試作検討が続いた。

なんども試行錯誤を重ねて、手作りのでっちあげで完成度は低いが、大きな問題点を何とか解決できそうなボタン引きシートができあがった。でっちあげのシートを前に、荒川車体工業㈱の設計陣、トヨタ自工内装設計課の越後係長、それに製品企画室の渥美主担当員が意見をたたかわせて、ボタン引きシートの縫製方針を打ち出した。

「パッチを寄せ集めて縫製するのは生産性から見て実現が難しいので、高周波ウエルド（溶着）で縫い目風に仕上げる。ボタンを布で包むのは製造不可能なので、鋳造ボタンに植毛して布包み風に見せ、ボタンの引きを差し込みに替える。クッションサイドは、パッチワーク縫製をやめて、高周波ウエルドで縫い目風に仕上げる」

それがその日の結論となった。

「近目で見るとアイディアスケッチとはずいぶん違うが、遠目ではボタン引きシートのイメージが残っている。従来の乗用車シートにはなかった、豪華さがまだ十分にある。まあ、これで行こう」

生産性から見て実現が難しいだけでなく原価の許容範囲を考えれば、パッチの寄せ集め縫製を高周波ウエルド（溶着）で縫い目風に仕上げることも、布で包んだボタンの引き込みを鋳造ボタンに植毛して布包み風に見せたボタンの差し込みに替えることも、クッションサイドのパッチワーク縫製をやめて一枚物とすることも、それぞれやむを得ないことであった。

そして、生産性を上げ量産に備えるため、加工工数を十五％減らし縫製人員を六十人増し、月産台数を確保する計画を立てた。

年末年始にかけて、渥美主担当員は食事後一時間で必ず胃のあたりに鈍痛が走るのを感じた。それは寝ていても目がさめるほどの鈍痛であった。食べると痛くなる、痛くなると食べない、の繰り返しで、二、三日ほとんど食べないで寝ていたこともあった。

年末年始の休みが明けるのを待って、渥美主担当員はかかりつけの内科医の診察を受けた。内科医は血液検査を勧めた。その検査結果が一月の下旬になってやっと出た。

「血中アミラーゼが高いですね。この検査精度はあまり高くないが、間違いなく慢性膵炎でしょう。慢性膵炎の結果、胆汁の出が悪くなり、十二指腸で脂肪分が分解されずに消化不良を起こし、鈍痛、下痢を起こすのです。だから脂肪摂取が一番悪い。油脂、たんぱく質を食べないようにし、魚も白身の魚だけにしなさい。膵炎にとって、てんぷら、うなぎ、中華料理は三悪ですから、それは絶対に食べないでください。しばらく消化剤の薬を処方しましょう」

かかりつけの内科医はそう言った。

——急性膵炎にかかったこともないのに、突然、慢性膵炎になるんだろうか。

渥美主担当員は不思議に思った。

「消化剤だけでなく、膵炎を治す薬はないのですか」

いよいよN車の立ち上がりを控えた今、渥美主担当員はこの鈍痛を抱えて激務に立ち向かう不安を感じてたずねた。

「膵炎を治す薬も、治療法もありません。しんどい時には、食後に仮眠をとるしかないですね」

内科医は申し訳なさそうに答えた。

渥美主担当員は昼食用に、ご飯、野菜、それに白身の魚など最小限のたんぱく質を入れた、愛妻弁当を持参することにした。

――てんぷら、うなぎ、中華料理はもう一生食べられないな。

と、覚悟も決めた。

困ったのは出張の時の食事であった。

――外食では油脂を含まない食事はほとんどないのだな。

外食のたびに一時間後に必ず痛くなることから、渥美主担当員はそう思い知らされた。

会食では、列席者に事情を話して詫びを入れて、てんぷら、うなぎ、中華料理を断り、脂身、フライの衣などを皿の端によけて、食事を摂った。

N車の立ち上がりが迫り、マークⅡとチェイサーの次期モデルの運輸省への届出を控えて、製品企画室はてんやわんやの忙しさであった。渥美主担当員も夜遅くまで目のまわるような忙しさであった。土曜日、日曜日は、会議、電話、各課の相談に煩わされずに、自宅で指示内容や会議資料を作成できるゴールデンタイムで、渥美主担当員は週末も自宅に持ち帰った仕事をこなしていた。

渥美主担当員はしだいに色つやの抜けた白い顔になっていった。毎朝、起き上がる時に鉛のように重い身体を感じていた。開発チームの中でまぢかに接してきた誰もが、渥美主担当員の変調に気づき始めていた。

「病は重そうだ。彼は死ぬかもしれない」

陰で、皆がそう噂し合っていた。

「渥美君、がんセンターに私のいとこが勤めていてね、そのいとこに頼んで君の診察予約を取り付けてあるんだ。行ってくれないか」

本人には無断で、島本主査ががんセンターに渥美主担当員の診察予約を手配していた。

島本主査も渥美主担当員の容態を心配していて、陰ながら気遣い、配慮を重ねていた。がんセンターは、当時、ほかの病院にはないCTスキャナーも備えた、がんの診断・治療の中心であった。

「がんではありません。やはり、慢性膵炎でしょう。今の治療を続けてください」

CTと内視鏡による検査結果を見て、がんセンターの医師も慢性膵炎と診断をくだした。

忙しく飛びまわっている日中には忘れているものの、朝起きがけの耐え難いつらさ、赤みの抜けた白い顔、栄養を付けようにも食べられない腹痛がだんだんひどくなった。

――このまま消化剤の処方だけを続けていては死ぬ。

と、渥美主担当員は本能的に感じ始めていた。

どうしても布団から起き上がれずに、島本主査の自宅に電話して出張をキャンセルした翌日、思いあまって、渥美主担当員は、かつてトヨタ自工の偉い方々が通ったと噂に聞いていた、高名な鍼療師を訪ねた。高名な鍼療所では受診者が早朝六時過ぎに順番待ちに並ぶありさまであった。

「膵臓が悪いと言われました」

「膵臓が真っ赤に腫れている。これは三年ぐらい前から悪いな。今まで本当に入院したことがないの？

こんなになるまで医者にもかからないでよく我慢したな。だが安心しろ、まだ命は尽きていないぞ。一日おきに通いなさい」

ベッドに横になった渥美主担当員の左腹に金鍼を深く刺しながら、六十歳を超えた高名な鍼療師はそう言った。

「三年ぐらい前から悪い…」

そう聞いた時に、三年前のできごとを思い出しながら、渥美主担当員は気づいた。

――あれが急性膵炎の兆候だったのか。

それは三代目マークⅡの発売直前のことであった。部品メーカーでの重点部品工程調査を夕方に終えて、次の出張先へと夜の高速道路を走り、サービスエリアで遅い夕食を摂った時に、急に気分が悪くなって起き上がれなくなったことがあった。それ以来体調が悪く、発熱が長期間続くことも多かった。

鍼療所からの帰り道、車を運転している渥美主担当員をものすごい睡魔が襲ってきた。帰宅すると、かつて会議中に倒れた時以上の猛烈な下痢に見舞われ、その後に睡魔で倒れるように布団に入り、夕方まで眠りこけた。

「初回の鍼療によってひどい下痢が起きたのか、それは良かった。鍼の生体反応がすぐにあったということは、治る見込みがあるということだ」

盲目の鍼療師の言うことは自信に満ちていて、渥美主担当員を安心させた。

鍼療を始めて三ヵ月後、膵臓の腫れもだいぶ引いてきた、と鍼療師が言う頃には、渥美主担当員の食欲がやっと戻ってきた。週二日、早朝五時に起き、六時に鍼療所に着き、鍼療を受けて七時半に帰宅し、朝食を摂り、八時半に出社するという日程を一年間続けて、渥美主担当員の体調はしだいに回復した。

「主査、スタッフを補充してください。そうしないとN車とマークⅡ次期モデル・チェイサー次期モデルとの並行開発は無理です。このまま行けば、一年後には必ず誰かが倒れます」

渥美主担当員は、N車の開発が始まる時に、そう言って島本主査に迫ったことを思い出した。

その時、他部署も人手不足のただなかで、島本主査も手を打てなかった。

やむを得ず、渥美主担当員は、担当員にも係員にも同じようにひとりずつ担当業務を分け、そしてその全員の相談を渥美主担当員が一手に受け持つとする業務分担表を作った。担当員も係員も、少ない人数でN車とマークⅡ次期モデル・チェイサー次期モデルの両方の仕事を引き受け、精力的に駆けずりまわった。そして、そのすべての相談を受けて立って、渥美主担当員は身も心もくたくたに疲れた。

今日こそはこの懸案事項への結論を出さなければならない、という午後八時からの会議を前に、渥美主担当員の胃がきりきりとねじれたこともあった。

――胃がねじれる、というのは、文学的表現かと思っていたが、本当のことだったんだ。

渥美主担当員は体験して真実を理解した。

そして渥美主担当員自身が倒れ、自分の見通しの正しかったことを証明した。

「胃の一つも切らないやつはまともに仕事をしているとは言えない」

それは、渥美主担当員が入社以来なんども先輩に聞かされてきた言葉であった。

「マークⅡ次期モデルのラインオフに備えて、ボタン引きシートのシートカバーを一七〇〇〇台分事前に縫製しておけ、それを取り崩すようにしないと日々のシート生産分だけでは追いつかず、品不足になって車両組立ラインが止まる恐れがある、とトヨタ自工の生産管理部の渋谷課長が言うものですから、パートを増員して大忙しでやっています。倉庫も天井までシートカバーで満杯です」

ラインオフを一ヵ月後に控えて、様子を見に来た製品企画室の渥美主担当員に、荒川車体工業㈱の工場長はそう答えた。

「なに、一七〇〇〇台分を用意しろと生産管理部が言っている？　そんなにグランデが売れるわけないでしょう。それは生産管理部の嫌がらせではないですか。そう言えば、ボタン引きシートを荒川さんが引き受けてくれた時にも、あんなものを引き受けるような荒川車体なら今後は面倒を見ない、と言ったのは生産管理部でしたね」

渥美主担当員は、生産管理部の渋谷課長がシート内製化を進める立場からボタン引きシートを阻止しようとしている、と感じていた。

新型マークⅡ（四代目）が発売された後、

「ボタン引きシートはどれですか。ボタン引きシートのグランデをください」

トヨペット店の各営業所には、新型マークⅡのグランデを購入する人が詰めかけた。新型マークⅡのカタログにも、見開きページに大きく、ボタン引きシートと同調のドアトリムで覆われたグランデの室内写真が載っていた。ヨーロッパのシャトーの居間を思わせるような、今まで見たこともない乗用車の室内空間がそこにあった。シャトーの居間にタイヤをつけて走る、今まで考えてもみなかった豪華な夢の実現に酔って、顧客は新型グランデを求めた。

その結果、新型グランデのシートカバー一七〇〇〇台分の在庫は、ほんの二ヵ月間のシート生産量を補うだけで、消えてしまった。

——生産の読みはやっぱり生産管理部にかなわない。

製品企画室の渥美主担当員は、生産管理部の渋谷課長の読みに脱帽した。

# 第六部

# 市場制覇

# 第14章　時流に逆らい日曜営業

## 第五チャネル、ビスタ店創業

N車の発売準備も、N車の車名を秘したまま、発売のほぼ半年前から始まった。

「走りのクレスタという、一番のセールスポイントは顧客が長く使ってみないとわからない。だから、それとは別に、見ればわかる、聞けばわかるという、わかりやすいセールスポイントも宣伝した方が良い」トヨタ自販宣伝企画部が中心となって練った、N車（新型クレスタ）の広告戦略は次のようなものであった。

（一）　訴求対象（告知の相手）は「ヤングエグゼクティブ（三十歳代の経営者層）」。

（二）　訴求点（告知の重視点）は「上品かつ高級なハードトップ風のスタイル、新型直列六気筒二〇〇〇ccエンジン」。

その広告は、新たに創業する販売店の販売スタッフの不足、開店早々の不慣れや販売力不足も考慮して、セールスマンが顧客宅をまわって行うはずの新販売店と新車の説明も十分代行できるように、黙っていても顧客を店頭へ吸引できるように、わかりやすく魅力的なものでなければならなかった。

いつもなら新型車の告知のみで良いが、今回は新型車クレスタの告知のほかに新販売店ビスタ店の告知も、重要なキャンペーンとして、同時に考えなければならなかった。

トヨタ自販宣伝企画部、車両販売部、商品計画室、トヨタ自工国内企画部、製品企画室、それに広告会社が協議を重ねて、新型車N車と新販売店ビスタ店の広告キャンペーンを次のように決めた。

（一）媒体はTV、新聞、雑誌とする。

（二）新販売店ビスタ店の媒体スケジュールは、ビスタ店設立予告（開店二ヵ月半前）→ビスタ店オープン予告（開店半月前）→営業開始（開店日）、とする。

（三）新型車N車の媒体スケジュールは、N車新型車予告（開店六日前と四日前）→店頭発表会（発表会前に二回）→日曜営業予告（発表会前）、とする。

カタログ、ポスター、広告、チラシ、TVコマーシャルなどについて、トヨタ自販宣伝企画部が中心となって発売の半年前から広告戦略を練り、広告会社二社に発注し、二社競作で複数案を提案してもらい、製品企画室、国内企画部、トヨタ自販の商品計画室、車両販売部が評価検討し、最終的には製品企画室主査が決定する。

広告会社では、同じ社内でライバル社の広告宣伝も扱い、それぞれ発売前の早い時期から新型車情報を得ているため、社内の新型車情報管理体制がしっかりと確立している。新型車情報が漏えいした場合に最初に疑われるのは広告会社であり、広告会社自身がその疑いを晴らさないかぎり次の仕事を受注できないことは目に見えているからである。広告会社の部局は依頼主（依頼会社）ごとに完全に分かれていて、違う部局間では情報の共有も、人事の交流もない。

昭和四十年代までは、ライバルの外形スタイル、ボデー外板プレス型の写真などの売り込みがあり、自動車メーカーもそのような新型車開発情報を買って、ライバル対抗策を練った。しかし、そのようないかがわしい極秘情報にも、広告会社からの漏えいとみられるものは皆無であった。

「汚い情報を買う会社があるから、売人がはびこるのだ。いかがわしい情報を売りに来ても、お互いに買わないことにしよう」

昭和五十年代に入って、自動車会社が申し合わせをしてから、この種の売買は影をひそめるようになっていた。

トヨタ自工では、新年初日の新年交礼や振袖姿などの恒例行事は何もない。全員、定刻に集まって、すぐ仕事にかかる。トヨタの合理性と質実さを表す慣習であった。

午後の仕事が始まってまもなく、トヨタ自販サービス部の亀山課長が、製品企画室のフロアに現れ、島本主査と挨拶をかわしてしばらく立ち話をした後で、渥美主担当員の席へまわってきた。

亀山課長は、トヨタ自販サービス部を代表し、三代目マークⅡ以来、N車でもマークⅡ次期モデル・

チェイサー次期モデルでも、トヨタ自工製品企画室とともに知恵を出し合い、力を合わせて、製品開発を推進してきた仲間であった。

――新年の挨拶にわざわざ来てくれたのか。さすがに自販は礼儀をわきまえている。

渥美主担当員も立ち上がって挨拶をかわした。

「渥美さん、今朝、写真屋に寄って葬式用の写真を撮ってもらってから、お別れの挨拶に来ました。長い間、お世話になりました」

亀山課長はまったく予期しないことを渥美主担当員に向かって言った。

「それはどういう意味です？　何かあったのですか？」

「私は、末期がんで、もう一ヵ月ももたないんです。昨秋からは会社の更衣室で注射を打って痛みをこらえながら仕事をしていたのですが、いよいよ最後の入院をすることになりました。無念の想いで死んでいく顔を写真に残したいと思って、今朝、写真を撮ってもらったのです」

亀山課長は、淡々とした態度でそう言いながらも、渥美主担当員が今までに見たこともない真剣な形相になっていた。

「亀山さん、何を言うんですか。きっとよくなって、また一緒に仕事をやれますよ。もうすぐクレスタも出るし、マークⅡ、チェイサーも残っているんだから」

仰天した渥美主担当員には、それだけを言うのが精いっぱいであった。

亀山課長の部下には、三代目マークⅡ開発の時に主査付として製品企画室に駐在したこともある、蒲田係員がいた。渥美主担当員は、蒲田係員に電話をして、亀山課長の病状を確かめた。

「本当です。小さいお子さんのいる奥さんに頼まれて、夜は、私が病院に泊り込みで付き添うつもりです」

蒲田係員の話は深刻であった。

渥美主担当員は、島本主査とともに、亀山課長を病院に見舞った。

「しょっちゅう痛み止めを打ってもらっています。ほら、もうこんなに腹が膨れちゃって」

亀山課長はベッドに起き上がって、腹をさすりながら言った。

「亀山さん、私はあなたの誠実さ、有能さ、勇気と行動力をずっと尊敬してきた、あなたと一緒に仕事ができて幸せだった。私は、そのお礼を直接伝えたいと思って、お見舞いに来ました」

渥美主担当員は思いのたけを口にした。お礼と思いは、死後に述べても本人には届かない、生前にこそ伝えたい、と思っていた。

「渥美さん、あなたにそう言ってもらえると、私は本当に嬉しい」

ベッドの上に座って、亀山課長は人目もはばからずに泣いた。

年明けに本人が予告したとおり、亀山課長は二月の上旬に亡くなった。四十歳であった。

葬儀の日は寒い日であった。渥美主担当員は、開け放した亀山課長の自宅の庭に立ちながら、読経の流れる中でじっと祭壇の亀山課長の遺影を見つめていた。それは、大きく見開いた目が遠くをにらんでいるような、鬼気迫る写真であった。

「さぞ無念だっただろうに…」

その遺影に向かって、渥美主担当員は心から手を合わせた。

ふと目をそらすと、向うの山の上には黒い雪雲が現れては流れ、現れては流れ去っていた。黒い雪雲は、渥美主担当員のふるさと、北国の冬の雲であった。

「最後は、夜中じゅう、痛みが続いて可哀想でした。痛がる所を私がずっとさすってあげていました」

葬儀も済んで、製品企画室を訪ねてきた蒲田係員は渥美主担当員にそう報告した。クレスタの発表を目前にした壮絶な死であった。

新型クレスタ（初代クレスタ）の記者発表会は、昭和五十五（一九八〇）年三月十八日、東京、名古屋、大阪の各会場で同時に開催された。その一週間前には、トヨタ自工本社に全国ビスタ店代表者を集めて新型車を発表する、ビスタ店内示会も終えていた。

東京会場ではトヨタ自工社長、トヨタ自販会長、工販役員、製品企画室から島本主査、名古屋会場ではトヨタ自工副社長、トヨタ自販社長、工販役員、製品企画室から渥美主担当員、大阪会場ではトヨタ自工副社長、トヨタ自販専務、工販役員、製品企画室からは新たに加わった若狭主担当員、がそれぞれ出席した。

「クレスタは『新しい時代感覚を持つ高級パーソナルカー』としてデビューし、ユーティリティに優れ、高性能と高品質、軽量化と低燃費の車である」

と紹介された。

「車名の『クレスタ』は西洋の紋章の頂に輝く飾りを意味し、シンボルマークもそれを象徴的に表したもので、伝統的な美しさの中に力強い若々しさを表現しております」

記者を前に、渥美主担当員が車両概要説明の冒頭で述べた。

一般紙記者向けの一部では、クレスタとマークⅡ・チェイサーとの位置づけのほかに、車両軽量化の明細、エンジン軽量化の明細などの省資源・省エネルギーに質問が集まり、業界紙記者向けの一部では、ビスタ店の意図、今後の増店と車種増に質問が集中した。

翌日は朝九時から夕方七時まで、製品企画室の島本主査と渥美主担当員は、トヨタ自販東京支社の応接室に一時間ごとに入れ替わり立ち替わり雑誌記者を迎えいれて、インタビューをこなした。

「新型車がまだ出まわっていない発売直後に、できるだけ人目に付くように新型車で走りまわり宣伝しよう」

製品企画室は、三代目マークⅡの経験にならい、記者発表会と一連の行事を済ませた後にすぐ試乗できるように、自家用ナンバー付きの新車を手配していた。

これまでのトヨタ車とは一味違う新型クレスタ、ソリッドな外形スタイルと4ドアハードトップ、が人目の多い街中を選んで走りまわり、宣伝に一役買った。

記者発表会から一週間たって、蓼科に自動車評論家、自動車雑誌記者を招いて、新型クレスタの新型車試乗会が開かれた。トヨタ自工の技術役員、製品企画室初め、エンジン部、設計部、広報部、およびトヨタ自販広報部がホスト役を務めた。

試乗会の世話役を務めるトヨタ自販広報部の坂崎部長は、試乗会の間に、島本主査と渥美主担当員を多くの自動車雑誌記者に引き合わせた。

「1G－Eエンジンの吹き上がりが良いのには驚いた。エンジンノイズが心地良い。低速トルクも大きい」

「クレスタの操縦性、走行安定性、直進性が非常に良い」

蓼科ホテルでの夜の懇談会でも、自動車雑誌記者たちの好意的な意見が相ついだ。

「クレスタでは何をどう変えたのか、そこんところをじっくり説明してよ」

製品企画室の渥美主担当員は顔見知りの自動車評論家たちに取り囲まれた。

「操舵時のロールの低減、ヨーの切れ確保、などを改善しました。それには、ばね合わせにおける前後サスペンションのマッチングが第一、ボデー剛性が第二、です。新型クレスタでトヨタ車のハンドリング（操縦性）も変わったでしょう」

渥美主担当員はひとつひとつ質問に答えた。

蓼科から東京への帰路、自動車評論家たちが渥美主担当員に同乗を誘い、次々と質問をあびせた。

「この話の続きを帰りの車の中で聞きたい」

「操縦性・走行安定性はばねとアブソーバーを硬くすることではない、軟らかくても前輪と後輪とのばねとアブソーバーのバランスがとれていれば良い、したがって操縦性・走行安定性と乗り心地・静粛性とは両立できる、ということを今回の開発で確認しました」

渥美主担当員は最後にそう付け加えた。

自動車雑誌記者が試乗感を自動車雑誌に書きたてた。

「新開発の１Ｇ－Ｅエンジンはいかにもフリクションが少なく、軽快に吹き上がる印象である。優れたドライバビリティは国産二〇〇〇ｃｃ車の中でも抜群だ」

「中低速のトルクは十分な厚みを持っているので、大変使いやすいし、このクラスとしてはきわめて速い」

「走り味は良い、グレード感も十分、高級パーソナルカーの資格を文句なしに備えている」

「レスポンスの良いステアリング、少ないロール、操縦性の高さが欧州セダンに近い」

多くの自動車雑誌が報じた。

「アンダーステアがごく軽度に抑えられているのは、このサイズのサルーンではまれな存在だ。限界的なコーナリングに至っても、ロールは十分以上に小さく抑えられ、安定した姿勢を保ってくれる」（カーグラフィック）

「クレスタのハンドリングは最高点評価してもいい。アンダーステアはきわめて弱いし、ロールもよく抑えられている。限界付近の挙動、ハードコーナリング時の姿勢も安定しており、安心感が高い。クレスタのハンドリングは従来のトヨタ車のイメージをすっかり変えてしまった」（モーターファン）

「直進安定性もすこぶる良好で、わずかにステアリングに手をそえるだけでＯＫ。ステアリングを切り込むと、瞬時にノーズは思う方向を向く。クレスタは欧州車と足回りで対等に勝負できる」（カート

ップ）

自動車専門誌の新型クレスタへの評価はおおむね好評で、特にクレスタのハンドリングの良さを指摘した。自動車雑誌『モーターファン』は詳細な新型車評価を記事にすることで知られている。製品企画室、エンジン部、デザイン部がモーターファン編集部主催の懇談会に出席した。

「新型クレスタのスタイルはトヨタ車でベスト、個性的、美的で、若者に好感を与えている。ハンドリングはトヨタ車と国産車の中で最高である。1G－Eエンジン搭載車はレスポンスが良い、ドライブフィーリングが競合車より段違いに良い、定常走行時には静かで加速時には心地良い、ただし高速時にはうるさい、実用燃費はリッター当たり十キロメートルと二〇〇〇ccエンジンでは見たことのない良い値である」

モーターファン編集部、それに懇談会に同席したテスト部署、自動車研究者、自動車評論家の評価であった。

昭和五十五（一九八〇）年四月一日、全国六十五店のビスタ店がいっせいに開業した。十四年ぶりに新設された、トヨタ五番目の販売店チャネルであった。トヨタのプレスリリースには六十三店と印刷されていたが、記者発表会の席上で六十五店と訂正された。設立を希望する地元資本が多く、その選別に手間どり、一部の地域では開業直前まで選別がずれ込んだことがその理由であった。

新規営業のビスタ店の三分の二はトヨタ系既存店資本による店であったが、残り三分の一は小売業、運輸業などこれまで自動車販売とはまったく関係のない新規参入資本による店であった。車が好きで、商売のかたわら車の良し悪しを批評していたのが高じて、ディーラーの仲間入りしたオーナーもいた。既存店資本か新規参入資本かにかかわらず、どの資本による販売店も、優秀な人材、果敢な開拓精神、そして後発販売店であるとの自覚を持ち合わせていた。開業時のセールスマン一八〇〇人は、ビスタ店の第一期生にあこがれ馳せ参じた、意気盛んな者ばかりであった。中には、ホテルのドアボーイ、デパートの店員、高名なピアノのセールスマンなどもいた。後発販売店として厳しい新車販売市場に切り込むという自覚があればこそ、全国ビスタ店は日曜営業も実施できた。セールスマンの休日を増やせとの要求すらあるところへ、逆に休日を減らす、週一日の家族団らんを取り上げることは既存販売店にはなかなかできないことであったが、新設のビスタ店は果敢にもそれをやり遂げた。

ビスタ店の営業所の中には、仮店舗で、あるいはテント張りで、開業と新型クレスタ発表会を同時に行うところもあった。

開業から三週間後に販売店店頭発表会が開催され、マークII次期モデル・チェイサー次期モデルの開発の最中ではあったが、製品企画室スタッフは手分けをして、トヨタ自販の商品計画室、車両販売部のスタッフとともに、全国のビスタ店営業所をまわった。

――マークII次期モデル・チェイサー次期モデルも大事だが、まずクレスタと、ひとつひとつを軌道に乗せていかないと、そのうち借金で首がまわらなくなるから。

渥美主担当員はそう自分に言い聞かせていた。

「マークⅡの上位車種と受けとられていて好評、1G－Eエンジンは軽快だ。査定に持ち込まれる車には、ローレル、スカイライン、マークⅡのほかにクラウンなどの中型車もある」

どこの販売店でも営業所でも、好評であった。

何よりも、営業所スタッフの目がみな輝いていた。商品についての愚痴もなかった。かつてトヨペット店の大物であった人も、新参のビスタ店に移って、新人のように目を輝かせてきびきび動いているのが印象的であった。

開店当初の三ヵ月間、全国六十五店のビスタ店のセールスマン全員は休日なしでがんばった。トヨタ自販のビスタ店担当の車両販売部もそれに付き合った。ビスタ店には、営業本部長、車両部長、営業所長はともかく、車販売は初めてというスタッフも多く、それを補うために営業責任者が休む暇もなく働き、過労で倒れるという販売店もあった。

自動車販売業界は夜討ち朝駆けのセールス（「ローラーがけ」と呼ぶ）を常態とする過密労働の競争社会である。

「車の選択権は奥さんが持ち、購入の決定権は旦那さんが持つ。だから、セールスを仕掛けるには夜討ち朝駆けしかない」

そのような家庭に車を売り込むには、奥さんと旦那さんとがそろって在宅している時を狙ってセールスを仕掛けるしかない、一般のサラリーマン家庭にセールスを仕掛けるには夜遅くか早朝しかないのである。

販売業績を上げようとするセールスマンは、夜遅くても朝早くても、休む暇はない。運よく販売が成立すれば、再び営業所に戻って深夜まで販売と登録の書類作成にかからなければならない。

「販売店の月間販売台数はその店のセールスマン数に三～四を掛ければほぼ予想が付く。販売力はセールスマン数である」

といわれる。

年間販売一〇〇～二〇〇台、生涯販売台数三〇〇〇～四〇〇〇台の優秀セールスマンもいるが、平均的には、一人のセールスマン当たり一ヵ月に三～四台しか売れない。セールスマンの過重な労働と努力に報いるために、どの販売店も、どのメーカーも、インセンティーブ（刺激剤）としての優秀セールスマンへの表彰、慰安を行っている。

開店・発売から一ヵ月半後に、トヨタ自販本社に有力ビスタ店の車両部長に集まってもらい、新型クレスタに関する販売店意見の集約をいつもより早めに行った。

「新型クレスタは好評で人気は長持ちしそうだ。スタイル、性能とも申し分ない。1G－Eエンジンは良い、静かだ」

「フロントマスクは都会的エレガンスを漂わせている。今後とも4ドアハードトップとしてほしい。1G－Eエンジンは加速時騒音のみが気になる」

全国から集まったビスタ店の車両部長は、トヨタ自工の技術陣を前に、特に大きな注文を付けなかった。

新設ビスタ店の開店三ヵ月目の販売台数は七一〇〇台、うち五十七％の四〇四二台がクレスタであった。

「クレスタが売れなければビスタ店はつぶれる。新型クレスタの販売の勢いが衰えたら、すかさず手を打とう」

トヨタ自工の製品企画室と国内企画部、それにトヨタ自販の商品計画室とビスタ店担当車両販売部はそう合意し、異例ながら新型クレスタの発売前に、クレスタの次期商品強化策を考えていた。常に最悪の場合を想定してそれに備える、それは当然のことであった。

「早期発見・早期対策こそが有効な市場対策である。セールスが気づく前に発見し、顧客が気づく前に対策を終えたい。そのためには、次の問題を早期に予想し、対策案を用意しておこう」

と、意見が一致していたからである。

「順調ではあるが、初めの頃の勢いがなくなってきた。秋には例の特別仕様車を追加しよう」

発売から三ヵ月後、販売の勢いがいっぷくするのを見て、製品企画室、国内企画部、商品計画室、車両販売部は決断した。

特別仕様車は、新しい外板色、塗装した衝撃吸収バンパー、フルモケットシート、追加装備のお買い得車であった。販売の勢いの止まりかけたところへ出した特別仕様車も援軍となって、クレスタの販売は再び上向いた。年末達成目標を十月末で早々に達成した。

「開業しても、五年は単年度営業赤字、累積赤字を解消するには十年かかるだろう」

既存販売チャネルが確立しているところへ新規参入した、ビスタ店は当初そう見られていた。しかし、ビスタ店の死に物狂いの営業活動により、クレスタとほかの扱い車種の販売台数が伸びて、ビスタ店は三年目で単年度営業黒字を出した。

新型クレスタの発表・発売と併行して、マークⅡ次期モデル（四代目）とチェイサー次期モデル（二代目）の広告戦略も進んでいた。

（一）マークⅡ次期モデルは、高性能一筋、「革新するマークⅡ」とする

（二）チェイサー次期モデルは「フットワークの高級車」とする

（三）カタログにはオプション部品も掲載する

と決まった。

「魅力あるオプション商品も売り込みたい。魅力ある商品を設計した努力に報いたい」

と、オプション部品の拡販に、製品企画室も積極的に賛成した。

初代マークⅡがクラウンとコロナの間を埋めるパーソナルカー、コロナの兄貴分として誕生したため、運輸省への届出にある正式車名は「コロナマークⅡ」となっていた。

「小型下級車市場のコロナと識別しにくいので、『コロナマークⅡ』から『マークⅡ』に改名したい」

小型上級車市場五十％シェア獲得を目指して大きくはばたこうとしていた、三代目マークⅡの認証申請の時に、製品企画室はまず通商産業省からその内諾を得ておきたかった。運輸省認証の前に通商産業省のモデルチェンジ認可を受けることになっている。

「コロナマークⅡのままならフルモデルチェンジとして受け付けるが、マークⅡに改名するなら、それは新車種ということになり、オイルショック後の省資源・省エネルギーの自粛ムードの中で新車種の追加を認めるわけにはいかない」

事前打診に対して、通商産業省がそう回答した。その回答は、オイルショック（第一次）以降に通商産業省の指導理念となった、省資源・省エネルギーの精神に沿っていたので、製品企画室は車名改名の点で争うことができなかった。

国内認証規則では、車体には正式車名を表示するものを必ず装着しなければならない、カタログにも正式車名を必ず使わなくてはならない、となっている。そのため、三代目マークⅡでは、苦肉の策として、コロナの文字を小さく、マークⅡの文字を大きく表示したエンブレムを車体に装着した。遠目には「マークⅡ」と見えるようにしたのである。ところが、四代目マークⅡのモデルチェンジでは、「コロナ」名を外した「マークⅡ」のみの車名の使用を通商産業省が許可したので、堂々と「マークⅡ」と名乗ることができた。

新型クレスタの発表・発売から半年遅れて、新型マークⅡ（四代目マークⅡ）と新型チェイサー（二代目チェイサー）の記者発表会が、昭和五十五（一九八〇）年十月一日、東京、名古屋、大阪、札幌、福岡の五会場で同時に開催された。少しでも多くの会場で多くの人々に身近に新型車を見てもらう努力をしよう、という工販トップの考えから、今回から札幌会場と福岡会場が新たに加わった。

「トヨタ自動車工業㈱、トヨタ自動車販売㈱は、上級小型乗用車マークⅡおよびチェイサーをフルモデルチェンジし、十月一日より全国一斉に発売する。今回のフルモデルチェンジは、燃費・走行性能を初め、静粛性、居住性などのいっそうの向上を図るとともに、上級小型車市場の多様化に対応することを狙いとしている。…マークⅡについては『落ち着きと格調』、チェイサーについては『個性と若々しさ』を強調している。…」

記者発表会の席上で、トヨタ自工・トヨタ自販のトップがニュースリリースを発表した。続いて、製品企画室から、東京会場では島本主査、名古屋会場では渥美主担当員、大阪会場では若狭主担当員、札幌会場では笠松担当員、福岡会場では秋川担当員がそれぞれ車両説明を行った。

「…開発の狙いは（一）省資源・省エネルギーへの配慮、（二）より高性能に、より高品質に、（三）多様化に対応し、充実した上級車を幅広いユーザーに、でございます。…」

製品企画室の島本主査も渥美主担当員も、この十日間に新型マークⅡの販売店内示会、新型チェイサーの販売店内示会、新型マークⅡのサービス部長会議、新型チェイサーのサービス部長会議をこなした上で、十月一日の新型マークⅡ・新型チェイサーの記者発表会と翌日のトヨタ自販東京支社での記者インタビューに臨み、目のまわるような日程をこなした。

記者発表会から一週間後に、蓼科に自動車評論家、自動車雑誌記者を招いて、新型マークⅡと新型チェイサーの試乗会が開かれた。トヨタ自工の技術役員、製品企画室初め、技術各部、広報部、およびトヨタ自販の担当役員、広報部がホスト役を務めた。

「マークⅡ、チェイサー、クレスタのコンセプトはどう違うのか」

「スタイルが地味である。スタイルの狙いと空力特性はどうか」

「室内を広くできた理由は何か」

「ダイアグノーシス（故障診断装置）はどうなっているか」

「足回りの味付け思想はどうか」

自動車雑誌記者が次々と質問をあびせ、試乗をくり返し、写真を撮った。

「トヨタには足回りの技術がないと思っていたが、見直した」

操縦性能に関する第一人者を自他ともに許す自動車評論家がそう言ってうなった。最高の誉め言葉であった。


記者発表会から三週間たった土曜日と日曜日の両日に、トヨペット店とオート店の店頭発表会が同時に開催された。製品企画室スタッフは、手分けをして、全国のトヨタ店とオート店をまわった。

「マークⅡのスタイルは悪くないが、豪華さと個性がなくなった。外形が小さく見える」

「グランデのボタン引きシートはものすごく豪華で良い。1G－Eはよく走る」

トヨペット店のマークⅡ評はまあまあであった。

「チェイサーはマークⅡに比べ豪華さ不足、クレスタに比べ作りが悪い」

「最高級グレードのアバンテは運転しやすい」

オート店の被害者意識も減ってきた。


発表・発売から一ヵ月半を経て、有力トヨペット店、有力オート店の車両部長に数回に分かれて東京または大阪に集まってもらい、それぞれ新型マークⅡ、新型チェイサーに関する販売店意見の集約を行った。

「客入りがやや少ない。スタイルは品があるが個性、新鮮さがなくなった。旧モデルより小さく見える。小さく見えると売れないものだ」

「ピラー付きハードトップは良い」

「グランデ人気は高い。ボタン引きシートはハイオーナーカーとして最高に良い。グランデとほかのグレードの差がありすぎて、お客がグランデに偏る（六十四％にも達する）」

「性能は、旧モデルより、大幅に良くなった」

「クレスタ、マークⅡ、チェイサーの区別はうまい」

トヨペット店の論客である車両部長の評は的を射ていて、それだけに聞く耳に厳しかった。

「ユーザーの求める高級イメージは大きく見える、豪華に見える、にある」

「チェイサーはクレスタ、マークⅡに比べ安っぽく見える。ヘッドランプを、マークⅡと同じにしてほしい」

「最高級グレードのアバンテは好評である」

オート店は、初代チェイサーの経験から、上級客集めの難しさもわかっていた。そして、オート店の努力もしだいに実り始めていた。

店頭発表会における新型マークⅡの受注成約率は前回モデルチェンジ並みの高い数値となったが、先に発売されたクレスタとそれに搭載された1G－Eエンジンがすでに知れわたっていることもあって、新型マークⅡのインパクトが多少減殺されたことは否めなかった。新型チェイサーでは、販売店の自社管理ユーザー数が少ないこともあって、受注成約率が今ひとつの感じとなった。

発売翌月、十一月の販売実績では、新型マークⅡ一四五二一台（前年同月比一三三％）、新型チェイサー三三三七台（前年同月比一一四％）、クレスタ二八八七台で、三車種合計は二〇七四五台で前年同月比一四九％と大幅に増えた。三代目マークⅡと初代チェイサーの販売実績の約五十％増しとなった。

新型マークⅡについてみると、自車ユーザーが再び自車に買い替えるブランドロイヤルティが、前モデル（三代目マークⅡ）の三十三％から四十七％へと跳ね上がり、ボタン引きシートを搭載した新型グランデは旧モデルから三倍に伸びて、新型マークⅡの販売台数に占めるグランデ比率は五十～六十％にも達した。新型チェイサーについても、新たに設定した最高級グレードのアバンテが健闘して、新型チェイサーの販売台数におけるアバンテ比率は四十~五十%を占めることになった。

初代クレスタの発表・発売、四代目マークⅡと二代目チェイサーの発表・発売の年を終えて、昭和五十六（一九八一）年の年が明けた。定期人事異動でマークⅡ担当を去ることになった渥美主担当員のために、島本主査が盛大な歓送会を開き、その労をねぎらった。

# エピローグ

四代目マークⅡ・二代目チェイサー・初代クレスタの連合は、発売の翌年、昭和五十六（一九八一）年には合計一八五五二六台を販売し、初めてライバルの日産のローレル・スカイライン連合の販売合計一七三六八四台を抜いた。トヨタの対日産比率（マークⅡ・チェイサー・クレスタの対ローレル・スカイライン比率）は一〇七％に上がった。初代クレスタの登場と四代目マークⅡおよび二代目チェイサーのモデルチェンジを機に、トヨタのマークⅡ・チェイサー・クレスタ連合がついにライバルのローレル・スカイライン連合の販売台数を抜き去った。

その年の小型上級車市場におけるトヨタ各車の販売台数は、四代目マークⅡが一一七一〇五台、二代目チェイサーが二五〇〇〇台、初代クレスタが四三四二一台へと、大幅に伸び、一方、ライバルの日産各車の販売台数は、ローレルが同じ時期のモデルチェンジにもかかわらず六三一五八台、スカイラインも一一〇五二六台へと減少した。年間販売台数で、マークⅡが初めてスカイラインを抜いた。二代目マークⅡ末期の昭和五十一（一九七六）年の販売台数と販売シェアを考えると、夢のようなできごとであった。

その後の両社の販売台数は、昭和五十七（一九八二）年にマークⅡ・チェイサー・クレスタ連合が一八八一五八台、ローレル・スカイライン連合が一六一一八四台、トヨタの対日産比率が一一七％となり、昭和五十八（一九八三）年にマークⅡ・チェイサー・クレスタ連合が二〇三九四七台、ローレル・スカイライン連合が一四七三六八台、トヨタの対日産比率が一三八％となった。この年に小型上級車市場におけるトヨタの販売シェアが初めて五十％を超えた。その年のトヨタ各車の販売台数はマークⅡ一一一八四二台、チェイサー二七六三二台、クレスタ六四四七三台であった。販売シェア五十％獲得の目標を掲げて走り出してから、九年がたっていた。

次の五代目マークⅡ・三代目チェイサー・二代目クレスタへのモデルチェンジを経て、昭和六十二（一九八七）年にはマークⅡ・チェイサー・クレスタ連合が二九七三六八台、ローレル・スカイライン連合が一三一五七九台、となり、トヨタの対日産比率は二二五％を超え、小型上級車市場におけるトヨタの覇権はゆるぎないものとなった。

三代目マークⅡで掲げた「小型上級車市場の中心に位置し、高級、高品質、高いプレスティージを備えた車」は、「お買い得な価格」とともに、引き継がれて行った。

小型上級車市場での激しい戦いはまた多くの小型下級車ユーザーへ上級車指向を植え付け、マークⅡ、チェイサー、クレスタ、ローレル、スカイラインへと顧客を吸引する原動力となった。ハイソサイティカー（high society car）をもじって、人はこれを「ハイソカーブーム」と呼んだ。

# あとがき

本書は、製品開発の実像を正しく理解してもらうために、また研究・教育の参考資料とするために、自動車の製品開発を全体像から活動細部に至るまで詳述したものである。そこには、製品開発に携わる企業・企業担当者が、社会・顧客の願いを実現するために、あらゆる機会をとらえて顧客願望を調査し市場と対話し、販売店・営業・開発・生産グループが一丸になって、知恵を出し合い、努力を重ねて、高品質かつ廉価な製品を追及・実現する姿が描かれている。また、本書は、企業担当者以外には知られていない、設計・製品開発・生産技術も詳細に、具体的に紹介している。

また、本書は、オイルショックの嵐が吹き荒れた昭和四十八（一九七三）年から昭和五十五（一九八〇）年における、トヨタ自動車工業㈱・トヨタ自動車販売㈱の製品開発の進め方、トヨタ独自の製品開発システムであるトヨタ主査制度の機能と運用法を、製品開発プロジェクトの経緯の中で、詳しく紹介している。トヨタ主査制度は長年の経験則であり不文律であり、年々、日々、時代とともに変化するものでもある。その理解のために、また研究のために、解説ではなく、原資料として残したつもりである。

本書を書いた理由は二つある。

今日、社会機能や個人生活を支え、なくてはならないはずの工業製品が、企業内において、何を願い、どのような配慮のもとに、どのような苦労を乗り越えて開発、生産されているのかを、多くの一般人は知らない。

「社会のお役に立ち、顧客に喜んでもらえれば、利益は少なくても良い」

多くの企業がそう考え、奉仕の精神に燃えているはずであるが、

「企業は、顧客のためにと言いながら、企業利益のために開発、生産をしているのではないか」

と、半信半疑の顧客もいる。

どの産業も、どの企業も、社会・顧客の信頼を得ないで生き延びることはできないし、社会・顧客と企業とは持ちつ持たれつの関係にあるはずで、お互いに知恵を出し合い協力し合えば、さらに優れた工業製品を産み、便利な社会機能や個人生活を実現できるはずである。

工業製品に関して、社会・顧客と企業とが正しい認識と理解とを共有するには、企業内の製品開発において、どのような願い、どのような配慮、どのような苦労があって製品が生まれたのかを企業が社会・顧客に明らかにし、社会・顧客が企業を正しく理解し、批評できる関係が必要ではないか、と長年考えてきた。

それが第一の理由である。その理由から、製品開発の実像を詳細に語るだけでなく、企業内で語り継がれている経験と知恵、企業における文化と精神の一部にも触れた。

かつて「自動車開発の内部を実にリアルに描いている」と書評された高名な小説も、実務経験者から

見ると、具体的活動をほとんど描いていない、自動車企業を舞台としたドラマであった。設計工学の参考書にも、その他の文献にも、実際の製品開発や設計について具体的に詳述したものは少ないし、製品開発の全体像について述べたものはほとんどない。

異業種各社の製品開発プロセスの調査を行った際に、業種により、また同じ製品でも企業により、製品開発プロセスが違うことを知り、製品開発プロセスが、まさに企業ごとの文化で、企業内で先輩から後輩に教え込まれ受け継がれている一方で、企業間では交流も切磋琢磨もされていないことを知った。企業内でも、実務経験者を除けば、製品開発について熟知している人は少ないはずである。

製品開発の進歩のためにも、設計工学研究のためにも、次世代の設計・製品開発を担う若い技術者や学生への参考のためにも、多くの研究者・経験者が製品開発の実像と詳細とを語らなければならない、と長年考えてきた。

それが第二の理由である。その理由から、本書では、話の流れを分断する形で、製品開発の活動、方法、配慮などへの注釈を挿入した。

製品開発を全体像から活動細部に至るまで詳述するには、著者自身がその全体から細部までに深く関与し、詳細に記憶していなければならない。著者はトヨタ自動車㈱の製品開発統括部署である製品企画室において七車種、すなわち、マークⅡ（第三代、MX30, 第四代、GX60）、チェイサー（初代、MX40, 第二代、GX60）、クレスタ（初代、GX50）、コロナ（第七代、RT140, 第八代、RT150）、の製品開発に関わった。その中から、①著者自身が全体像と活動細部の双方に深く関わったもの、②マーケティングおよび技術開発が今日へも影響しているもの、③社会的背景と話題が興味を惹くもの、を題材にして本書を著した。

製品開発の実像を正しく理解してもらうため、研究・教育の参考資料とするためとはいっても、歴史を詳述するには長い時間経過と表現への工夫が必要であった。全体から細部にまで深く関与できた最後の世代かもしれないとの義務感もあった。研究用原資料とする場合のために付記するが、製品開発の多くの部分は行きつ戻りつしながら進むので、すべてを語ってはいない（語り尽せない）、理解を妨げるとして省略したものもある、企業名・車種名以外の企業内用語（部署、会議、資料、名称など）は分かりやすい名称に変更している、個人名は仮名である、本書は著者の記憶に基づく著述である。

本書は多くの方々のご支援をいただいて世に出る。特に、株式会社白桃書房代表取締役社長大矢栄一郎様のご好意とご支援とご助言、青柳裕之、大関温子、野崎伸一、佐藤治の皆様の励ましとご助言、に対して深甚の謝意を表する。

本書がいろいろな方々に読まれ、それぞれの目的に応じて、なにがしかの参考になれば、それは著者の最高の喜びである。

二〇一四年六月

安達瑛二

## 著者紹介


安達 瑛二（あだち　えいじ）

豊田工業大学名誉教授，工学博士

1937年　山形県生まれ

1960年　東京大学工学部航空学科卒業

1971年　工学博士（東京大学）

1960～84年　トヨタ自動車㈱勤務，
ボデー設計課，振動実験課を経て，
製品企画室主担当員（マークⅡ・チェイサー・クレスタ），
製品企画室主査（コロナ）

1984～2004年　豊田工業大学教授（設計工学）

2004年～　豊田工業大学名誉教授

2007年～　日本設計工学会名誉会員

著書「製品開発の心と技」（コロナ社，2012）



■ ドキュメント トヨタの製品開発《せいひんかいはつ》
――トヨタ主査制度《しゅさせいど》の戦略《せんりゃく》、開発《かいはつ》、制覇《せいは》の記録《きろく》――

■ 発行日――2014年9月16日　初版発行　〈検印省略〉
2020年6月26日　初版3刷発行

■ 著　者――安達《あだち》 瑛二《えいじ》

■ 発行者――大矢栄一郎

■ 発行所――株式会社 白桃書房《はくとうしょぼう》

〒101-0021　東京都千代田区外神田5-1-15

☎ 03-3836-4781　FAX 03-3836-9370　振替 00100-4-20192

http://www.hakutou.co.jp/

■ 印刷・製本――藤原印刷




ISBN 978-4-561-52089-4 C3034




落丁本・乱丁本はおとりかえいたします。